# 毕业三年，
## 决定你一生的财富

张笑恒◎著

台海出版社

**图书在版编目(CIP)数据**

毕业三年,决定你一生的财富 / 张笑恒著. — 北京:台海出版社,2018.9

ISBN 978-7-5168-2066-7

Ⅰ.①毕… Ⅱ.①张… Ⅲ.①成功心理-青年读物

Ⅳ.①B848.4-49

中国版本图书馆 CIP 数据核字(2018)第 190293号

---

**毕业三年,决定你一生的财富**

| | |
|---|---|
| 著 者:张笑恒 | |
| 责任编辑:武 波 曹文静 | |
| 装帧设计:快乐文化 | 版式设计:通联图文 |
| 责任校对:王 杰 | 责任印制:蔡 旭 |

出版发行:台海出版社

地 址:北京市东城区景山东街 20 号　邮政编码:100009

电 话:010-64041652(发行,邮购)

传 真:010-84045799(总编室)

网 址:www.taimeng.org.cn/thcbs/default.htm

E - mail:thcbs@126.com

经 销:全国各地新华书店

印 刷:北京鑫瑞兴印刷有限公司

本书如有破损、缺页、装订错误,请与本社联系调换

| | | | |
|---|---|---|---|
| 开 本:880mm×1230 mm | | 1/32 | |
| 字 数:156 千字 | | 印 张:8 | |
| 版 次:2018 年 9 月第 1 版 | | 印 次:2018 年 9 月第 1 次印刷 | |
| 书 号:ISBN 978-7-5168-2066-7 | | | |

定 价:39.80元

# 前　言
# PREFACE

很多人对大学的生活是很留恋的，但是即将步入社会时，憧憬中又夹杂着恐慌。是的，走出校门进入社会这个"大熔炉"，对于每一个学子来讲，是一个新的起点。在这里，脱离了家长和学校的束缚，你可以自由支配时间，可以结识新的朋友和"圈子"，可以拥有更多的机会去展示自己的才华。即使很小的优势，只要你有勇气去展现，它也能被放大，也会被赞美。

但是，也有不少尴尬的"毕业生一族"在不断地出现，他们毕业已一年甚至更久，却仍然是"啃老族"中的一员。毕业之后，他们把生命中最美好、最张扬、最青春的那几年留了下来，又带走了什么？是他们工作不够勤奋，是他们在选择工作的时候眼高手低，还是他们没有遇到"识货"的"伯乐"？

著名学者林语堂曾说："人生在世，幼时认为什么都不懂，大学时以为什么都懂，毕业后才知道什么都不懂，中年又以为什么都懂，到晚年才觉悟一切都不懂。"经受过大学的洗礼，接受了高等教育，你可能会觉得自己已经懂了很多，可到了社会，踏上工作岗位之后，却发现很多事情并不是当初想象的那样简单。

作为毕业生，你能做的只有在社会中充实自己。想要把自己"填满"，就要先把自己"倒空"，拥有"空杯心态"会让你逐渐变得强大。因为只有"倒空自己"，才能有足够大的空间来容纳更多的学问，才能迎接全新的挑战。当然，你不能一味地否定自己在大学里所学的一切，而是要怀着一种"而今迈步从头越"的态度，在新的环境中学习，认识新的事物。这是一种"吐故纳新"。只有"倒掉"心中对社会和职场的不适应，才能让心灵获得"重生"。

要想在职场有更好的发展，你就必须跟上职场发展的节奏，明白一个事实：单位用你是因为你有"使用价值"。

过去的毕竟已经成为过去，只有忘记它们，才能产生真正的创新。打破束缚自己的条条框框，你才有可能成为杰出的职场精英。

大学毕业生有很多阻碍自己发展的"长辫子"，它们之中有很多是在学校里养成的。只有把它们统统找出来，并把它们"剪掉"，你的职业发展之路才能越走越宽。

在职场之中，学历不是一个人成才的唯一标准。学历与能力之间不成正比，有学历不一定有能力，学历高不一定能力高。也就是说，学历与学问是不能简单地加以类比的。学历的高低只能反映出人接受教育的程度，而在同一层次学历的人中，也同样存在着能力上的差异。人的能力是要在社会实践中加以积累和提高的，人只有通过社会实践才能积累工作经验，提高自身能力。

索尼公司创办人盛田昭夫认为：学历并不意味着你实际的工作能力能够达到企业的要求，如果完全按照一个人的学历来评价其工作能力，则难免会本末倒置。

著名经济学家、清华大学经管学院教授魏杰认为：盛田昭夫揭示了一个重要原理，就是不能无限度扩大教育的功能，天赋对人的影响是极大的，因而企业更应注重实践能力，而并非学历。

知名销售专家王文良先生曾这样讲述自己的职业经历："我曾经有过32次被拒绝的失败打击！但当我满怀信心地开始第33次的努力后，我成功了！""成功是什么？"他感慨地说，"成功对于其他行业来说，也许只是在别人不愿意努力时，你继续再努力一把。但对于我们搞销售的人来说，则是在别人想都不愿意想时，你必须早早地爬起来用十倍、百倍的努力去做！它给你最大的痛苦，不是用你所有的智力与体力进行的高强度劳动，而是一次又一次地粉碎你的自尊，让你与那些你平时或许根本看不起的，在智力、学历上与你完全不一样的人站在同一条起跑线上起跑。你没有优势，但你必须取胜。"王文良先生的成功经历告诉我们，在社会这个大"考场"上，任何"金字招牌"都无济于事，如果没有从零干好的心态和发奋努力的精神，大学毕业就真的是等于零。

本书针对初入职场的大学毕业生们，从心态调整到职业规划，从生存晋升技巧到职场沟通艺术，都有全面的阐述和实际操作指导。本书的后半部分还从职场"人脉"的构建、个人理财的方法，包括创业的准备等方面进行了切实可行的论述。相信年轻的读者只要全力以赴，奋力拼搏找对方法，一定会在以后的工作和生活中收获属于自己的成就和财富。

# 目　录
# CONTENTS

# 第一章

别好高骛远，
先养活自己就是本事

# 1. 无奈 "啃老族"："天之骄子" 每月还得靠父母接济

很多人大学毕业了，却发现，在周围的同学中，有人找到了看起来不错的工作，有人选择了考研，有人在跑招聘会，还有些人放弃了求职和求学，待在家里当起了 "啃老族"。为什么有些人在毕业后懈怠了呢？

在毕业前夕，很多学生通常会怀疑自己到底是 "读了大学还是混了大学"。刚毕业那会儿，他们经常能听到 "毕业就是失业" 这句令人迷茫的话。更有甚者，有些人毕业好几年了却仍待在家里 "混日子"。

吴建强今年 26 岁，大学毕业后，他心气儿很高，扬言要干一番大事业。结果大学毕业好几年了，他除了刚毕业那会儿参加了由学校安排的实习工作，之后一直待在家里无所事事，网络游戏都玩腻了，同学聚会也不敢去，成了标准的 "啃老族"。

跟吴建强家住一个院儿的，也有两个同龄大学毕业生，正在四处奔波寻找工作却没有着落。三个人每天借酒消愁，找人陪着打麻将、去酒吧、上KTV。

事实上，被人贴上"啃老族"的标签，感觉真的不怎么好。谁不渴望证明自己？可是就业谈何容易，现在，大学生与其他人一样面临就业竞争的压力。

毕业了，依然要靠父母接济是一种无奈，一般有以下三种情况：第一种情况是由于种种原因没有找到工作，或者父母帮忙找了工作，但是要等一段时间才能上班；第二种情况是虽然找到了工作，但是公司给实习期的员工开的工资比较低，还没有在学校时候父母给的生活费多，又要租房子，所以需要父母接济一下；第三种是找的工作是业务方面的，刚开始做根本就拿不到钱，所以才向家里伸手。大多数人都不想这样，而且这些情况通常也不会持续太久，他们最终会找到工作养活自己的。

在学校的日子或许是一段最美好、最快乐的时光。但是，现在已经毕业了，无论是男生或是女生，都应该独立起来了。

如今是市场经济，就业形势非常严峻，毕业生找工作没那么容易。适者生存，职场上不会给你"摆架子"的机会。作为一个年轻人，条件艰苦一点儿没什么，从基层做起也能高升，要善于在艰苦的条件下实现自己的人生价值。

李亚军今年25岁，曾做了两年"啃老族"。他毕业于一所不出名的院校，毕业后，他觉得自己的学校太差，专业也冷门，不愿意出去找工作，每天在家里玩网络游戏。父母根据他办事还算稳重的特点，建议他去学一门技术，但他没听进去，在家里一待就是两年。

后来，父母一狠心，给了他5000元，赶他出门，表示再也不会供他吃喝。

李亚军只好带着5000元钱，开始学习办公自动化设备维修。他从学徒做起，一步一步地来，后来技术越来越精湛，钱挣得越来越多，最后开了一家办公设备店。

"一个人在外面闯是苦了点，但比起'啃老'的那段日子，感觉充实多了。"李亚军说，"在家里窝着是没有任何作用的，要敢于走出来，关键在于迈出第一步。"

那些已经毕业却仍待在家里煲剧、打游戏，赋闲在家还花销不菲的年轻人，应该反思一下了，你完全可以在这个社会上立足！年轻就是资本，不做"啃老族"，命运要由你自己来掌握。

## 2. 面对现实，不要生活在梦想的"乌托邦"里

毕业时，几乎每个毕业生都怀揣着自己的大梦想，不屑于进入小公司，不愿意做那些简单到初中生都能胜任的工作。可是现实却给了很多人一记响亮的"耳光"，他们成了为人不齿的"啃老族"！梦想在现实面前，充满了无奈。

迷茫的时候，别忘了你还有年轻的资本。当毕业宴席散去之后，意识到九月份再没有开学的机会了，明白了自己已经不再是学生，而是踏出社会的青年；那些一直以为很遥远的事情变成了奋斗的目标——婚姻、房子、车子、票子，甚至孩子，理想有所转变：有自己的事业就好；家庭和睦就行；和自己喜欢的人结婚就算幸福……

面对现实，很多人追梦的心变得很小，曾经的梦想只能锁在心底，连碰触的勇气都没有了。

事实上，多数人都是普通人。毕业后，成不了比尔·盖茨，也比不上高燃、茅侃侃、李想、戴志康，生活在自己梦想的"乌托邦"里已经失去意义，过好自己的小日子最重要：口袋里有给女友买零食的票子，下班可以回自己的小窝，周末可

以做些自己喜欢做的事……

现实也好，世俗也罢，这就是生活。那些伟大的梦想不过是秋天的落叶，看似在飞翔，其实是在坠落。

毕业了，从五彩缤纷的幻想中走出来，回归柴米油盐的现实，接受现实并整装待发。

别再敷衍工作，你这是在敷衍自己的人生；

别整天在网络中寻找成就感，聊天、刷剧只会让你的生活变得更空虚；

别去咒骂 HR，那没有意义，他们不会因为你的抱怨和郁闷而对你刮目相看，不如想办法让自己变得更优秀；

别轻视和嘲笑那些"拜金女"，谁愿意跟着一个不努力的人在柴米油盐中消耗原本可以浪漫惬意的青春？

别说没钱还有父母，你细数父母脸上的皱纹和头上的白发，毕业了还靠他们接济，你真的能心安理得地接受吗？

别摆出一副"视金钱为粪土"的样子，有钱不一定快乐，但没钱你拿什么生存？

别和上学的时候一样把花别人的钱看作潇洒，你是最应该奋斗的青年！

"筷子兄弟"拍的《老男孩》MV 里出现的剧情，相信是很多人青春期的缩影：在喜欢的女孩面前表现自己，被拒绝后装模作样地自暴自弃，模仿自己的偶像，唱流行歌曲，梦想自己有一天也能成为大明星。但是人总会长大，总要面对现实，曾经的校园歌手变成了婚庆主持人；曾经梦想做舞蹈家的王小帅变成一个理发师。生活的艰辛磨平了每个人的棱角，曾经的理想只能默默地存放在心底最为隐蔽的角落。

从现在开始，不要再生活在梦想的"乌托邦"里了，早一点面对社会的现实，现实与理想的距离需要你脚踏实地去丈量。告别梦想的"乌托邦"，接受生活的现状，去适应目前的工作，试着让自己保持一种快乐的心境。

## 3. 好高骛远，是毕业即失业的"罪魁祸首"

于丹教授曾经说过："这个世界上不给你什么都是应该的，那是本分。但一旦给你，就是情分。"

1989 年，于丹硕士毕业，当年国家出台了一个新的政策：大学生毕业要带户口下放。就这样，满腹经纶的于丹来到中国艺术研究院下属的印刷厂，位置十分偏僻。至于要在那里干多久，于丹当时也不清楚。

印刷厂的工作都是体力活，于丹在这里干了一年半。"女孩子是用汽油擦地上的油墨，男孩子是扔纸毛子，裁废纸边。后来我们女孩子干的活儿叫'闯活儿'，就是那种铜版纸厚厚的一摞，咔一声，下去以后，把它抢起来，就这样一下，我们手上就同时十几条血口子。我们肩膀没有劲，那个活儿多重啊，天天那么抢啊。这是我们当时干的活儿。"于丹说。

在学校期间，很多学生都做过职业规划，对自己所学专业出去之后每个月能赚多少钱都略知一二。如果进入国有单位能拿多少，进外企能拿多少，进民营企业又能拿多少，很少人会去想进几个人、十几个人的小公司能拿多少。而事实上，进国企、外企、大型民企的人并不多，而且即使你进得去，也不一定就能站得稳。更有甚者，在毕业之前就公开声明："我非×××企业不进。"最终没有成功，导致失业。

江晓宁小时候家里很穷，兄弟姐妹又多。从 8 岁起，他就开始捡破烂，不仅给自己缴了学费，还为自己的弟弟妹妹缴了学费。上小学时，每天放学后江晓宁都到镇上捡破烂，然后到供销社卖。从读初中开始，他就利用假期跟着叔叔伯伯一起到农民家伐树，然后拉到木材厂去卖，这样能赚到更多的钱。后来家里买了拖拉机，他开始自己干。到大学毕业时，他的木材厂都要开起来了。

学生时代大多数人都有自己的偶像，会把偶像当作奋斗的目标。你可以回头看看自己偶像的成名经历，看看他们经历过怎样的艰难和磨难，在接受鲜花和掌声之前他们也曾踩在铺满沙砾和芒刺的道路上。

当然，如果你有条件，可以选择主动创业，最大限度地挑战自我，挖掘自己的潜能，这也是对自己各方面综合能力的锻炼和提高。但是如果你没有足够的资源和经验，最好还是先让自己在一份稳定的工作中沉淀一下。等你积累了足够的经验，再"杀"入商场也不迟。

事实上，毕业生有什么资本好高骛远呢？年轻？这个字眼儿好像更适合那些未成年人。天之骄子？如果没有父母的宠溺，你还剩下多少骄傲呢？热情？你的热情是在田野里，还是在篮球场上？……

现在你是不是应该先静下心来，做好第一份看似低级的工作呢？

## 4. 没有十全十美的工作，不要在抱怨中走向深渊

真正十全十美的工作并不存在。任何一份工作，只要你认真对待，它就会在你心里渐渐地趋于完美。

毕业生几乎都会想，要找的工作应该是双休，朝九晚五；工作起来很愉快，同事相处很好，上司和蔼可亲；工资待遇

也高，以后花钱比学生时代宽裕多了。可是工作之后却发现不是那么回事儿，你不得不牺牲掉很多东西。比如加班，你牺牲掉了休息的时间，甚至都没有时间和恋人见面；比如老板高高在上，同事一个比一个难相处；最重要的是工资除去必要的花销外所剩无几……

朱雅文2010年6月毕业，学的是会计专业。在大学期间，她的学习成绩一直不错，但她并没能找到会计工作，而是在郑州做销售。

不久之后，朱雅文就尝到了这份工作带来的苦涩，她不得不去了另一家公司。

还好，在这最困难的时期有好友相助。朱雅文和两个闺密一起在郑州租了一间20平方米的房间，每个月的房租是400元，卫生间和水房都是公用的。每天下班后，她们三个便会聚在一起，抱怨工作，抱怨现实。

不到三个月，朱雅文又一次失业了。她本想回农村老家算了，但又怕家人担心。于是她去了母校。大学的同学还有几个留在学校复习考研，她也想趁着这个时间冷静一下，理一下头绪。

在学校待了将近半个月，朱雅文天天跟几个同学抱怨外面的社会是多么残酷，好工作是多么难找。同学劝她考研，可是她的公共基础课又不是很好。

朱雅文开始羡慕那些考上公务员的同学，他们不必像自己这样颠沛流离。但她掂量了下自己的条件，觉得自己参加公务员考试，纯粹是浪费时间和精力。

之后，朱雅文告别同学重新开始找工作：投简历、跑招聘会、等待面试……终于又找到了一份做销售的工作。

除去日常开支，她一个月根本就剩不了多少钱。但现在她不再抱怨了，找一份工作不容易，好好奋斗，做久了工资总会涨上去的。


慢慢地你会发现，没有工作与休息完全分明的职场生活，你只能试图在工作与生活之间找一个平衡点。

工作之后应该维持好工作与生活以及工作与工作本身的两个平衡点。前者指的是工作与生活其实是密不可分的，当不得不为工作牺牲个人生活时，要保持良好的心态。当然，如果你不打算干这份工作，你可以立马走人，千万不要去抱怨。后者指的是工作上遇到难题时，要放平心态慢慢来。

工作中，无论是应该休息的时间加班了，还是做事做得太累了，你可以做一下深呼吸，同时，不忘鼓励自己一句，"我爱我的工作"。

世上没有十全十美的工作，很多大学毕业生不是找不到工作，而是喜欢抱怨工作不合己意。与其抱怨，不如冷静下来认真做事。

## 5. "骑驴找马"式求职，先生存再发展

大四女生吴岩正坐在公交车上翻看男友推荐的求职"圣经"——一本名叫《骑驴找马》的书。她来北京已经一个多月了，一直在面试她理想中的"骏马"，可是一直没有着落，只能靠收入微薄的男友养着。男友看在眼里急在心里，为了能让她留在北京，一直劝她"骑驴找马"！

"骑驴找马"的意思是先生存再发展。先就业再择业是一种比较务实的态度。毕业了，不能再靠家里养活了，所以你在找工作困难的时候，可以先降低要求就业。

初入职场的毕业生，有理想、有抱负是对的，但是人首先得生存，然后才能谈发展，所以毕业找工作时不妨"骑驴找马"。

第一份工作你可以先以能生存下去为目的，做着这份工作的时候，你可以为自己心中理想的工作做打算。想换个好工作，拿高薪，这是没错的。但是不能因为下一份工作而耽误了现在的工作，在做事时不能马虎。

在电视台工作的节目策划人陈郡茹告诉朋友，现在的大学毕业生很多都是"榆木疙瘩"。有个实习生，跟她大半年了，有一天突然跟她舅舅（制片人）抱怨说："这工作太闲了，什么也学不到。"制片人立即找她谈话，忙得够呛的陈郡茹真晕了，忍着愤怒把实习生叫过来："你告诉我，什么是市场推广？"实习生倒也不含糊："不就是发发信吗？""那我每天在做什么呢？""你做什么我怎么知道，反正我就是发发信。"陈郡茹后来才知道这位实习生是想跟着她舅舅学制片，心思压根儿就没在策划这儿。

我们不应该像实习生那样做一个"榆木疙瘩"。你可以在做好本职工作的同时，根据自己的意向选择一个好的招聘网站。从专业、待遇和所在城市等方面来综合考虑，先来个定位。现在网站大都比较专业，非常细化，都有自己对应的服务群体。想进外企的，就去外企多的网站；想找国内公司的，就去国内公司多的网站，最重要的是要找准定位。

做一份有特色的简历也很重要。现在各类现场招聘的简历已经被毕业生做得相当成熟，越来越吸引人的眼球。但网上的简历却是越简洁明了越好。除非你是为了展现自己的信息搜索能力和简历制作能力。如果你的计算机水平一般，小心弄巧成拙，还是简单一点好。简历只有内容是不够的，现在人们大多都是只拣重要的看。所以应先到网上找一些简历模板，根据自己不同的需要，多做出几份简历来应对不同性质的公司。另

13

外，简历一定要规范，以方便 HR 直接浏览，给自己争取更多的印象分。

写好简历后，发布到网站上，每天只需在空闲时间查看一下就可以了。

有些招聘网站有信息订阅功能，把自己想获得的信息订阅下来，这样就可以节省一些时间。招聘网站主页上的推荐应该关注一下，很多大公司的招聘信息都会在这里显现，当然也有一些是新信息。

事实上，"骑驴找马"是一种智慧，并不会阻碍你成功，相反，还会减少你的经济压力，增加你的社会阅历。不管是为了家庭，还是为了自己的未来，对于刚刚毕业的大学生而言，都应该先就业再说。

## 6. 只找得到洗碗的工作？那就先微笑着洗碗

大学毕业了，但是有些人的心里还没有毕业，做什么事情都以自我为中心，完全按自己的喜好找工作，这是不注重现实的表现。你不能等着工作适应你，你应该去主动适应工作。哪怕你只找到了洗碗的工作，你也应该微笑着完成。

两年前，王建民大学毕业，家里帮他找了一份事业单位的工作，同学们都很羡慕他。但是过了两年，他感觉压力很大，工作非常吃力，精神濒临崩溃。由于注意力不能集中，现在又经常在工作中犯错误，他每天都有很强的挫败感。他准备"跳槽"，可是帮他找这份工作几乎花光了家里的积蓄，他不知道该如何面对父母。

　　王建民告诉朋友，自己感觉比较封闭，长时间不与人交流，与同事的关系比较淡。因为单位不需坐班，他就整天"宅"在家里，就像在岛上生活一样，与外界隔绝，经常感到很孤独。


　　也许你不喜欢自己的工作，可能你的工作本来就不是自己选择的，但是你既然不得不做这份工作，那为什么不试着把它做好呢？确实，社会的发展给毕业生提供了越来越多自由选择职业的机会。你甚至可以不出家门就通过众多的招聘网站来寻找一份适合的工作。但社会的发展也是不平衡的，由于种种原因，工作的条件并没有大的改善，工作的选择也未必能随心所欲。

　　所以，只要你从事一份工作，无论喜欢与否，你都应该试着去做好它。努力工作，在工作中不断培养自己的兴趣，慢慢地你也就适应了。

　　适应了工作，你至少可以得到两大好处：宝贵的工作经验和难得的资历。

通常来说，从第一份工作中你得到的工作经验是最多的，它为你职业生涯的发展打下基础。

资历则会发挥意想不到的作用。如果你在五星级酒店做过一名优秀的服务员，那么其他小一点的酒店就会提供给你比原来更高一级的职位。究其原因，就是因为你有了相当的资历。即使你就职的公司是小公司，你在第一份工作所获得的资历，也会使你以后更容易找到工作。

有些公司对新录用的职员一般都要进行岗前培训，这也许是你第一份工作所获得的最重要的东西。如果有可能，争取多参加公司的培训，这样既能受到有益的锻炼，更为你今后的发展做了充足的准备。

人行走在社会中，不能把自己当作中心，不能让社会和工作适应自己，而要主动去适应社会和工作。

适应自己的工作，你就要试着培养自己对所做工作的兴趣。兴趣是积极工作、提高效率、开阔眼界、增长知识的内在动力。心理学家认为：如果你对所从事的工作有兴趣，你的积极性就高，你就能主动发挥内在的潜能。反过来，如果你对这项工作毫无兴趣，就只能发挥全部才能的一半左右。兴趣是可以产生和培养的，只要你仔细观察，你会发现每一份工作都有使你感兴趣的地方。

另外，你还要明白一点，任何工作都要有人做，不要轻视任何一份工作，而且，每一份工作上都出过有大成就的人。所以暂时洗碗也未尝不可，只要你微笑着去做好它。

## 7. 初入职场，不要和别人攀比

其实，很多大学生毕业之后，有时候并不是自己不愿意干那些不太完美的工作，而是从内心里在和一起毕业的同学做比较，不愿意落后于别人，更不想被别人嘲笑。

找工作对于毕业生来说都是一个艰辛的过程，刚踏入职场，对新环境还不熟悉，这些其实都没什么，怕的是年轻人在工作之中的攀比心。攀比会影响一个人的心情，也会蒙住他的眼睛，导致他对未来无法做出科学的、客观的判断。

刘云最近的心情非常不好，因为她的办公室里来了一个小她三岁的女孩，漂亮又年轻，毕业于名校，不论谈到什么，总是滔滔不绝，这让刘云自愧不如。短短一个星期，刘云的信心几乎消失殆尽，做事情也没有以前那么沉稳了。

刘云开始了疯狂的"补课"，她甚至买了一整套《孔子》，强迫自己每天都要看到凌晨一点，结果第二天上班的时候总是昏昏沉沉的。

直到有一天，领导约刘云吃饭，随意地和她聊天说："刘云，你在公司的人缘那么好，不是因为你滔滔不绝，而是因为你工作踏实努力。这是最宝贵的。"的确如此，就是靠着沉稳，刘云才能在公司从一个可有可无的实习生成长为现在不可或缺的骨干。领导曾坦率地说，凡事只要交到刘云手上，就绝不会出任何岔子。

看到刘云若有所思的样子，领导接着问了一句："你以前爱看张爱玲的书，现在你又非常喜欢看张小娴的书，你感觉这俩人谁更出色呢？"

刘云想了想说："这两位作家我都很喜欢，但是，你不能把她们放在一起比较。因为她们都有各自的优势。"

领导微微一笑，刘云顿时恍然大悟，从此走出了心里的"怪圈"。


新东方的俞敏洪从一个农民的儿子走进北大，最后走到了今天。他曾经很客观地谈到一个人的发展和家庭背景的关系，他说："在生活中，的确有一些权贵富贾出身的人，他们一出生就含着金钥匙。"这时候，有的人可能就开始抱怨社会：为什么他什么都有，而我什么都没有？俞敏洪说，他也有过这种心理，其实这种心理很正常。

在大学一年级的时候，班上某位领导的孩子每周五都被开着奔驰的司机接回去，曾让买不起自行车的俞敏洪痛苦了一段时间。但是，俞敏洪用自己的行动验证了这样一个真理："生命总是往前走的，每个人都要走一辈子，可能还会走到八九十岁。没有人能预知走到八九十岁时的人生到底会是什么样，唯一能做的就是坚持走下去"。

俞敏洪走到今天，很大程度上是因为他能很好地调整自己的心态，使心态变得平衡。因为他不去攀比，于是有了更多的精力去做事业。

在职场中，毕业生其实算是起点比较低的人，所以最重要的是不要因为攀比而阻碍自己的发展。要善于调整自己的心态，用自己丰富的内心世界，培养出属于自己的风度和气质，用宽阔的胸怀和对理想坚定不移的追求来构成自己独特的风格。

有这样一句话："每个人都是背后有着梅干的饭团。"毕业生也有自己的优势，不要因为看不到自己的"背面"，就认为别人都有"梅干"，而自己只是一团没特色的"米饭"。攀比是盲目的，会让人看不到自己的优点，所以，初入职场，要杜绝攀比心，而应踏踏实实地努力。

## 8. 学会反思：如果你是老板，
## 你会雇用你自己吗？

　　毕业生刚开始接触社会，可能会觉得社会很残酷，找工作的时候觉得老板太不近人情了。其实如果做一下换位思考，你就会理解很多。反思一下：如果你是老板，你会拿高薪雇佣一个刚毕业的"愤青"吗？

　　有些人常常工作不到几天，就换另一份工作，他们的理由无外乎待遇不好，工作氛围不和睦，或者是老板不是"伯乐"，自己"怀才不遇"。还有人会美其名曰："我把老板炒了。"有些人求职之路坎坷不顺，常常感叹自己"遇人不淑"，最后搞得焦头烂额。有些人始终想不通，为什么自己总是遇到这样的公司，为什么受伤的总是自己？很多时候，是因为你不为老板着想，不愿意改变自己。

　　舒同已经毕业4年了，这4年间他总共在7家不同的单位上过班，时间最长的只有10个月，最短的不过2个月。

　　舒同在大学学的专业是计算机软件开发。第一份工作是父母帮忙找的，在自己家附近的移动营业厅上班。做了8个月，他觉得自己不喜欢老这么坐着，而且还是想做软件开发的相关工作，于是就辞职，换了第二份工作，在一家房产交易公司的软件部专门做软件开发。

后来，舒同又觉得与其这样，还不如到一家专门做软件开发的公司，在那里自己能学到更多东西。所以他的第三份工作是在一家专门做软件开发的公司。不久，他又觉得这家公司的项目不够有实力。

舒同的第四份工作是在当地一家非常有名的软件开发公司就职，公司非常有实力，可是后来他又觉得这家公司给的待遇太低。

第五份工作，待遇很高，但是离家太远，每个月的车费都要几百块，而且休息很少。

第六份工作堪称完美，离家近，待遇也不错，公司也很满意，也是专门做软件开发的，但是舒同又觉得公司管理不好，领导们头脑太过简单。

第七份工作和第六份工作大致一样，管理好了很多。但是舒同现在又想"跳槽"了，原因是领导对自己不够重视。

如果在工作中遇到了自己不喜欢的事，你不应该选择漠视、逃避，而应该勇敢面对，去适应它或者改变它。逃避是最糟糕的策略，因为每一份工作都不可能尽善尽美，迟早总会面临同样的问题，直到你学会主动去适应、去解决。直面困境，完善自己，致力于寻找更好的工作方法，你工作起来就会越来越得心应手。

很多年前，有一个还没毕业的大学生，他意识到自己的老板其实就是自己，于是他为自己设定了明确的目标，并立即着手行动。在同学们还都忙着找工作的时候，他已经在调动所有可以调动的资源向目标迈进。他决定直接用自己的名字作为公司的名字和商标，以此来提醒自己将要为一切结果负责。最终他获得了举世瞩目的大成就。

这个大学生的名字叫迈克尔·戴尔，他创办了著名的 Dell 电脑公司。

从现在开始，把自己当作公司的老板，明确老板喜欢什么样的员工。你需要开始为公司、老板、同事、客户、供应商着想，真正地关心他们的利益和需求，然后比其他人更好地完成每一项工作。

随时随地收集老板对你工作的意见，设身处地地为公司着想，这样你就会越来越有竞争力。反之，如果你自己作为老板对自己都不满意，那就别奢望你的老板能重用你。

第二章

好学生和好员工

是两码事

# 1. 文凭 ≠ 能力

你有没有遇到过这种情况：应聘的时候把简历递过去，说自己是某某大学毕业。你觉得你的学校不错，可是直到你上班很久了，公司从来没有要求你出示过毕业证，也没有再问及你的学历。

知识改变命运没有错，但把知识理解成文凭就大错特错了。现在这个社会，认为有文凭就能改变命运，有文凭就等于有知识的人该醒悟了。

知识改变命运千真万确，在任何时代、任何社会里都是这样。

今天，到底是什么在改变命运？是知识和经验，你应聘的时候表现出自己真正的实力远比"秀"出毕业证来得实在。

于海留学快 10 年了，几年前就有了法学博士学位，但直到今天，他还在一家星级酒店当服务员。刚开始的时候他当然不愿意干，但是后来他发现，这种情况并不少见，开出租车的、当修理工的、在餐馆端盘子的……很多人都有很高的学历。

这种情况启示我们，我们必须随时补充自己的知识以跟上时代发展的步伐，"活到老，学到老"将会成为文明社会的标志。

很多人受过高等教育，却还经常处于失业、半失业状态。生活在一个竞争异常激烈的年代，很多人希望可以获取更高的学历来改变命运，但是社会已经发展到单凭学历行不通的阶段了，你还要有社会经验、有能力。

在人潮汹涌的招聘会现场，让你当场拿出毕业证证明自己的企业越来越少，他们更愿意让你谈谈具体操作和对行业的看法。如果你本身没有真本事，就是通过看文凭把你招到企业里又能怎样呢？最后还是有可能被裁掉。

如果你真的有"两把刷子"，那么就在平凡的工作岗位上做出不平凡的事来，让别人看到你的能力，而不仅仅是过去的学历。

## 2. "同化"——职场命运的"终极杀手"

许多人毕业后依旧热情满满，找到一份工作就全力去做。但在工作中他们会从老员工那里听到一些抱怨和是非，这时候如果听之信之，那就会慢慢被"同化"。

没有哪一家公司是"最好的"，没有十全十美的企业。可能你对某一家公司感到满意，但在另一个人眼里却正好相反。选择适合自己的公司是最重要的，不要在乎别人说什么。

不得不承认，环境对人的影响非常大。一个不好的环境确实可以在无形之中将一个人"同化"，除非他不断学习。

任何事情都是相对的，也有很多人在逆境中奋发有为，最终取得了很大的成就。这就是不被周围的环境"同化"的结果，历史上有很多这样的人，比如诸葛亮。这位三国时期最耀眼的能人出身茅庐，早年不得志，但不为逆境所屈，结庐于襄阳城西隆中，在山中隐居待时，最终得遇刘备"三顾茅庐"，被其感动，出山成大事。

李倩倩是去年 7 月大学毕业的，现在在一家中等规模的企业技术部门工作，部门里一共有 10 个人。

所谓的技术部门，在李倩倩看来其实没有多少技术含量，仅有的几台设备还经常闲置着。办公室的人整天都无所事事，本来都是受过高等教育的人，现在却变得非常庸俗，成天讨论美容、吃饭的内容，工作起来毫无效率，聊起天来却神采奕奕。

李倩倩是名牌大学毕业，只是学的专业比较偏，能到这种企业工作已经不错了。但是她很困惑，因为她本来是抱着学习的心态来的，却发现这里并没有学习的机会和氛围，慢慢地都快被同事们"同化"了。而且部门的晋升严重地论资排辈，想升职就得先熬十几年再说。

李倩倩不舍得辞掉这份工作，虽然工资在行业内是中等偏下水平，但是福利还可以，单位领导也时常关心她。但是在这儿工作只能"混口饭"吃、混个房子住，理想早就抛到九霄云外去了。

刚毕业的大学生就像是一张白纸，如果自己不主动学习一些有用的东西，很容易被"同化"，所以说"同化"是职场命运的"终极杀手"。

刚刚毕业，可能找一份什么样的工作自己都不知道。关键要看进了新公司以后，是否能保持自己的热情和学习的劲头。也许，开始几天，或者开始几个月，你还能把上学时的学习热情和态度投入到自己的工作实践中去，保持自己饱满的热情。

但时间是无情的，周围的环境也是无情的，时间不会停下，也许你自己慢慢地就被周围的人和事所影响，最终在不知不觉中被"同化"了。

如果进入职场，你能始终保持自己的热情和风格，有明确的职业目标，把每一家公司确定作为一个学习的平台，在新的平台上把工作发挥得淋漓尽致，同时取其精华，去其糟粕，胸有成竹地做自己的工作，那么，你就会越走越高，不是被"同化"，而是被"优化"。

作为刚进入职场的新人，选择一家公司锻炼自己的同时，要注意不要被"同化"，否则你的职场之路将充满荆棘。

## 3. 你还在无目标地学习吗？

相信很多人的大学生活都是美好的，但细细想来又是浑浑噩噩的，他们不再像中学那样为了考更高的分数早起晚睡，也不会再刻意去学对自己将来有用的知识，最多就是认真听一下自己感兴趣的课。但是到了职场就不能再这样了。

在职场上学习不可盲目，你必须学会为学习设立一个适当的目标。因为，这样做之后，你便有了前进的方向，也有了前进的动力。而达到目标后又可增强你的成就感，继而踏上新的征程。

有这样一项来自美国著名的耶鲁大学的跟踪调查：

在开始的时候，研究人员向参与调查的学生们问了这样一个问题："你们有目标吗？"只有10%的学生确认他们有目标。然后研究人员又问了学生们第二个问题："如果你们有目标，那么，你们是否把自己的目标写下来了呢？"这次，总共只有4%的学生的回答是肯定的。二十年后，当耶鲁大学的研究人员在世界各地追访当年参与调查的学生们的时候，他们发现，当年白纸黑字把自己的人生目标写下来的那些人，无论从事业发展还是生活水平上来说，都远远超过了另外那些没有这样做的同龄人。单从财富方面讲，这4%的人所拥有的财富竟然超过了余下的96%的人的总和！这是一件多么令人惊讶的事！

以上调查告诉我们这样一个道理：有目标和没目标最后所取得的成绩相差千里，无论这一目标是多么具体或者多么抽象，都要比完全没有目标好得多。学习也不例外，你必须学会为你的学习设立一个适当的目标，这样才能在有限的时间内取得最大的进步。

学习有了目标，能规范学习的内容。初入职场，一方面要学习提高个人的能力和素质，另一方面也要为适应社会做准备。在目标指导下，可以规划出几年内的学习体系，在这期间再进一步完善自己的学习体系。

杜科在计算机方面成绩非常突出，在向别人介绍自己的学习经验时，他说，由于从小就喜爱电脑，他在工作之余主要是学习电脑，他还给自己设定了一个目标，要在程序设计比赛中获奖。有了目标，就有了动力，有了方向，于是他废寝忘食地投入到学习中。他首先坚持按要求完成工作任务，力争腾出更多的时间来搞计算机编程和网络设计。由于日复一日、年复一年地坚持不懈、勤奋学习、努力实践，他先后获广东省和全国计算机网络设计和编程大赛的一等奖、二等奖、三等奖三个奖项。目标实现了，他工作也做得更出色了。

在达成学习目标的过程中，首先要保证做好自己的本职工作。因为目标也好，内容也好，都是为了更好地工作。如果不端正好工作的态度，对学习的热情就没法持之以恒，那么取得的学习效果也就可能无法达到心中的期望。

要想有效提高自己的成绩，一定要设定一个适当的目标，这个目标不能太高，也不能太低，最重要的是要符合自己的实际情况。如果目标定得太高，对人的信心是一种打击，可能降低你的热情。例如，一个刚刚毕业的大学生，找第一份工作就信誓旦旦地说要在半年内坐上总经理的位置。这个目标显然是脱离实际的，即使他再昼夜不息地拼命学习，也不可能一跃成为公司最高领导，除非公司是他自己开的。而目标定得过低，也是不行的。比如，一个刚进入公司就坐上了主管位置的人，近两年的目标是保住这个位置，这个目标显然太保守了，产生不了多大的激励作用和推动力。要知道，你不进步，别人就会取代你。

要根据自己的实际和爱好设定学习目标，不可过高，也不可过低，这样才能在职场中立足。同时，也不可把目标反向受限于职位的高低，应该根据自己的人际和对技术的掌握程度设定目标。

# 4. 你在错过"最佳经验学习期"吗？

很多人大学毕业后，因为对社会的了解不够，往往会对工作抱有很大期望，以为可以从此过上充实的日子，发挥自己的创造性。可上班后才发现，自己不过是高楼大厦的一块砖，很容易觉得工作没有意义和前途，对工作懈怠或频繁"跳槽"。事实上，每一个新员工都只是企业这栋大楼中的一块砖。砖虽不大，影响却不小。如果这块砖东摇西摆，或者东腾西挪，那么企业这栋大楼就很难稳固。可很多职场新人就是不安于做一块"哪里需要哪里搬"的砖，或者对自己一窍不通的企业运行机制指手画脚，或者觉得自己怀才不遇，一心想着当领导，这样的人多数会被"炒鱿鱼"。

事实上，刚毕业这一段时间，主要任务不是赚钱，而是在能生存的基础上学习经验，千万不要错过这个"最佳经验学习期"。

一个刚毕业的大学生到单位报到，进去就问出纳："谁是这公司的最高领导？"出纳指了指旁边一间办公室的门。于是，他昂首阔步地走了过去，见到单位的领导后，问："你是单位的最高领导吗？"领导微笑着说："是的。""那你是什么级别？""处级。""就处级啊？这就是说，如果我留在这里，最高才能当处级？"他很失望地说。"不，你不会留在这里。"领导示意他出去。

毕业一段时间后，你慢慢会发现有很多同学开始"跳槽"。习惯"跳槽"的人时常将"我在这家单位看不到希望"挂在嘴边。他们常常对公司感到不满意，觉得自己学历高、能力强，却被放置在一个没有前途的职位上。

崔明明从一所财经大学金融学硕士毕业后，进入省城一家银行工作。面试的时候，银行方面说让他准备一下去信贷部门上班，这让崔明明非常开心。去银行工作在同学们中很有"面子"，而起点又是大家都羡慕的信贷部，前途一片光明。经过为期三个月的培训，正式上岗的时候，崔明明大吃一惊，他被安排去了柜台。这令崔明明"颜面扫地"，想到普通学校毕业的弟弟在另一家银行的柜台工作，他开始有抵触情绪，整天闷闷不乐。勉强工作了几个月，看银行毫无调动的意思，崔明明渐渐死心了。于是，他不顾家人的反对，选择了离开。就在他离开后不到一个月，银行就做出了人员调整。

事实上，不管你学历多高，刚毕业那会儿，在公司领导眼里，你就是一个普普通通的人。

大部分企业并不需要高端人才，而且每年毕业的大学生那么多，人才都处于过剩状态。因此，新人从一开始被安排在相对较低的岗位上进行锻炼，作为人才储备，这是很理性的做法。企业招人的时候，也要先试试你到底能力怎么样，不可能刚来就让你身兼要职。当你被安排在表面上较低的岗位上时，不要妄自菲薄，也不要过多抱怨。事实上，职场根本不设虚席，任何岗位的任何人都有其必须存在的价值。你能在这个岗位上学到的东西其实有很多，很可能就是你走向更高岗位所必需的经验。

实践证明，从基层做起并不会扼杀一个人的才干，几乎所有的企业家都做过基层工作。从最基础的事情做起，你能获得基层的第一手经验，当你坐上领导位置时才能了解基层的具体情况。

大学毕业生切忌眼高手低，不要看不起当下的工作，不要错过"最佳经验学习期"。你默默无闻地在基层学习的同时，领导也在观察着你的表现，这关系到你的职业前途。所以说，平凡不可怕，可怕的是因自命不凡而错过了"最佳经验学习期"。

## 5. 基层员工也要学习管理之道

毕业参加工作后，同学之间问得最多的除了"工资多少"，就是"混得怎么样"。所谓"混"，言外之意就是"人往高处走"，如果你干了两年还在原地踏步，估计你自己也不好意思再干下去了。既然都想往上"混"，那么学习管理之道要趁早。

工作一段时间后，有许多人在技术上是公司里的佼佼者，对经营和管理之道却一窍不通。他们对公司的经济没有兴趣，不愿意了解公司的业务运作，也不主动学习管理之道。在他们看来，学习和懂得经营管理之道，是老板和主管们的事，自己应该等到坐到那个位置上再学习，现在只要干好自己的本职工作就行了。

然而，事实上，如果你不会管理，即使你技术再好也只能做个技术带头人。当今企业需要的是"通才"，作为一名员工，如果只会埋头干活，在工作中就会有很多的局限，难以解决复杂的商业问题。作为一名优秀员工，既要有"老黄牛"精神，又要懂营销、运营、销售、服务、人力资源管理等，要想步步高升，就要学做一个"全才"。

比尔·盖茨说："一个好的员工会尽量去学习、了解公司业务运作的经济原理，为什么公司的业务会这样运作？公司的业务模式是什么？如何才能盈利？"只懂技术的员工很少走上领导层，懂技术又懂管理的员工才可能成为领导。

现代企业都在寻找"复合型人才"，即要求员工既懂技术，又懂管理。

宋宝大学毕业后进入一家高科技公司，不久就掌握了一手过硬的好技术，他所研究出来的新产品使公司走出濒临倒闭的境地。公司董事局研究决定，晋升宋宝为该公司的总经理。

开始几年，公司有位德高望重的老股东积极支持宋宝的工作，使他能够远离那些令他头疼的行政事务和人际关系，集中精力抓新产品的开发工作，因而公司的经济效益还是不错的。

可是，当那位老股东退休后，情况急转直下，因为宋宝根本就没认真学习过管理之道。先是在内部出了分歧，一位副经理因为个人买房的事受到了宋宝的阻拦，没能买成，一气之下离开了公司，还带走了几个技术精英。后来，在产品销售问题上，又因为宋宝的领导不力，公司产品的销售额日渐下降，市场逐渐被别的厂家占领了。一时间，公司损失惨重。

上级领导看到这种情况，不得不通过招标选聘新的总经理。

毕业生要在职场上最终成功，应该从一开始就主动学习企业管理，了解市场经营，这样才有可能步步高升。

"经济全球化"后，企业所需要的不再是技术、管理、经贸"专业"型人才，而变为技术、管理、经贸"综合"型人才。

比尔·盖茨指出：现代企业管理的趋势越来越倾向于专业化和规模化，这要求每个员工都要会技术、懂经营。基于此，微软的领导岗位上永远都是那些既懂专业技术又懂经营之道的精英人士，他们把这项选人才策略归结为四个原则：第一，聘请一位对技术和经营管理都有极深造诣的总裁。第二，围绕产品市场，超越经营职能，灵活地组织和管理。第三，尽可能任用最具头脑的经理人员，因为他们既懂技术又善经营。第四，聘用对专业技术和经营管理都有较深了解的一流员工。

微软公司的长盛不衰正在于它拥有以比尔·盖茨为代表的一大批既精通新技术又善于经营的人才。国内不少企业面对新经济时代的挑战，也开始陆续招收这样的人才，因为他们清楚，既懂技术又善经营的人才是企业的"命脉"。

在职场行走就如逆水行舟，如果你不前进，就会被别人超越。作为一名员工，要想在公司有所发展，就要有学习公司运营和管理的渴求和兴趣，就要学习和懂得经营管理之道，做到"心中有数"。你受过高等教育，有过硬的工作技能，懂经营，善管理，还怕不能被领导发现？

# 6. 重视公司的培训

如果你刚走出大学校门，就进入一家懂得给员工做培训的公司，说明你是幸运的。那么，你从公司的培训中收获了多少呢？

公司培训通常是为了让员工更快地了解公司、适应工作。培训的内容可能十分丰富，也可能比较单调。但是只要你认真投入进去，你就能在最短的时间里了解到本公司的基本运作流程、公司的发展历程、企业文化、企业现状和一些以前你从未接触过的专业知识等。

对毕业生来说，进行岗前培训是十分必要的，对企业的未来发展也是有益的。

一个企业能否发展壮大，有很大部分取决于企业内部的力量，说到底就是员工的个人能力。毕业生能与一个企业"走"到一起，往往基于两方面的原因：一是个人的生存压力。因为你已经毕业了，不可能跟父母一再地伸手要钱，即每个人要在社会中生存就必须依靠自己的劳动，用劳动换取与其等值的物质，这是毕业生就业最原始的诉求；二是个人价值的实现。人在生存问题解决之后，就必然追求自我人生价值的实现，要在社会中立足，得到人们的肯定，工作就提供了人实现自我价值的机会。

毕业生不可能一毕业就被当作可以倚重的人才，企业要想发展，就会想办法把员工变成人才，重要的一条途径就是开展员工培训。许多企业在小型企业到中大型企业的过渡点上倒下，一个重要的原因就是企业内部的培训没做好。

公司培训就是将员工与公司的发展紧紧地联系到一起，公司要发展，员工也要发展，公司的发展壮大靠的是员工素质的提高。在企业与员工共同进步的同时，员工也能获得更大的利益，一个企业发展到一定的规模，员工就会得到相应的待遇。

李玉胜大学毕业后直接进入了一家科技公司，经过几年的奋斗，成为该公司技术中心的一名结构工程师。这时候，公司规模已经很大了，准备对新老员工进行一次统一培训。上周，人事部通知李玉胜，周末公司将组织员工参加技能培训，不得缺席。

李玉胜想："我现在是公司的技术带头人，况且再有两天我要去参加国家一级建造师资格考试，一年只有一次，现在需要做最后的冲刺。"于是周末他就待在家里复习，期间，人事部主管数次打来电话询问，李玉胜称自己"发烧了，在医院输液"。

结果，到了周一上班时，一纸《解聘劳动合同通知书》递到了李玉胜手中。

毕业生初入职场，一定要有谦虚好学的态度，只有这样，你才能有更好的发展。不要抱怨公司的培训不"靠谱"，只要用心学，你就会有很大的收获。

## 7. 具有习惯性学习的精神

生活中，我们经常听到这样一句话："活到老，学到老。"大学毕业生虽然已经告别大学的课堂，但是又进入了社会这个"大学堂"，还会进入一些公司的小"课堂"。所以应该有习惯性学习的精神，这样才能每天进步一点点。

如果你有心学习，一生中无时无刻不可以学习。通俗点说，在职场上学习既是为了在当下立足，也是为了解决明天的问题。在竞争日益激烈的职场中行走，如同逆水行舟，不进则退。

无论是什么样的公司，都有你不知道的东西，同事们身上有你没有的优点，要学会学习他人的长处，弥补自己的短处。

有一个贫穷的年轻人，他很想变得富有，于是决定向富人学习创造财富的经验。年轻人找到了一位富人，对他说："先生，我愿意为你打工三年，不求一分钱，只要有吃有住就行了。"这位富人觉得很划算，立即答应了。三年之后，年轻人便离开了。

十年过去了，昔日的那个年轻人在生意场上再次碰到这位富人，这时候年轻人已经非常富有了，而那位富人却在原地踏步。昔日的富人向年轻人说："我愿意出 50 万买你的成功经验。"年轻人笑着说："您忘了，我是在您那儿学到的经验。"

智慧源于学习、观察和思考，变成什么样的人的捷径往往就是向什么样的人学习。在比自己优秀得多的领导的言传身教中，自己就能学到领导的经验和智慧，从而走向成功。

大学时期的辉煌和失落都已经成为过去，重要的是现在和未来。在学习的过程中是有章可循的，时间与学习效果不成正比。有些人每天在学习，却越来越浑浑噩噩；有些人每天学习的时间并不多，却一点点地在进步着。可见，学习也须注意方法。

苏阳大学毕业后选择了到美国留学，他很快在美国交到了一位当地的朋友。他们一起出去玩，路过富人区，苏阳对美国朋友说："你看，这些富人住高楼，开豪华轿车。你有什么感受？"美国朋友说："没有什么，他们没什么好羡慕，只不过是他们得到了一个好的信息，把握住了一次好的机会罢了。如果哪一天机会降临了，我一样会抓住。"

后来苏阳又问了一位日本同学同样的问题，他得到的回答是："我不羡慕他们，更不嫉妒他们，我要找机会靠近他们，学习他们是如何挣钱的，总有一天我会超过他们。"

苏阳通过网络发邮件给另一位朋友问及这个问题，那位朋友回信说："我希望他们早点破产。"

"仇富"是一种多么可怕的心理！在职场行走，不能有"仇富""仇权"心理，而应该用一种"空杯"和"归零"的心态，去吸纳更多的知识。

人的一生是一个逐步认识、发现、探索、改造的过程，在这个过程中有一条简单的主线，就是学习。如果你放弃了学习，就等于放弃了自己的人生。

在工作中，不断地学习新的知识和方法，积累经验和教训，可以大大提高工作效率。

你可以做一份简单的计划，来督促自己习惯性地学习，每天的学习量不一定要很大，但是一定要坚持下去，并对学习过程进行合理而严格的控制和调整，搭建属于自己的知识结构，从而形成一种别人没有的优势。

"学而不思则罔，思而不学则殆。"既要学习，也要思考。每个人都应该养成学习的习惯，有一个虚心的态度，这样才能每天进步一点点。

# 8. 你需要的不是安全感，而是危机感

大学毕业之后，很多人还是像在学校时一样，做什么事都慢慢悠悠的。他们并不缺乏安全感，缺的是必要的危机感。

细细想来，当初从人山人海的应聘队伍中脱颖而出，获得一个工作岗位并不容易，为什么不把自己的职位变得更加稳固呢？没有谁是不可替代的，更不要认为公司离开你就无法运转。

在大学里你可能无法感知社会竞争的激烈，事实上，职场中的人才竞争是非常残酷的。进入职场之后，不要认为自己是个不可替代的人才，一定要有危机意识。

有人把职场中的替补人员比作篮球比赛中的替补队员。在每一场篮球比赛中，都会有一些替补队员坐在替补席上等着登场。如果赛场上的队员因为某种原因无法继续比赛，这些替补队员就会将他们替换下场。对于球员来说，不管他所在的位置有多么重要，教练都不会把这个位置只留给他一个人。一旦他达不到这个位置的要求，不能为球队做相应的贡献，他就会被

替换掉。当然，二者也有一点不同，在职场中，你不知道将来要替换你的人是谁，也不知道他的能力如何，他"隐藏"在某个非常隐蔽的角落，但的确是存在的，而且不止一个。

你的领导看中你，那是因为你能产生价值，能够给公司运转带来利益，而不是看中你可以胜任别人不能胜任的职位。

职场中任何一个职位的设置都有一定的必要性，它必须服务于公司的发展。如果设置了一个职位却不能给公司带来相应的效益，不利于公司的发展壮大，那么这一职位也就失去了其存在的意义和价值，迟早会被撤掉。在正规的公司中，只要领导设置了这个职位，那么这个职位就是必不可少的，但是并不是说某个人是必不可少的。只要是能够让这个职位产生相应价值的人，都有权利坐到这个职位上去。

初入职场，有一个道理一定要明白：你的职位并不是因你而产生的，它属于任何有能力的人。你需要努力去做的，是让自己在这个职位上比别人做得更好，创造出与所在职位相符的价值，这样你才能把这个职位坐稳。

当然，每个职位都会确立专门针对它的标准与要求。它们是硬性指标，应聘者必须先符合这些硬性指标才能坐到这个位置上。一旦坐上了这一职位，就必须在实际工作中创造出符合这一职位的价值。

再简单、再没有技术含量的职位也不可能跟你一一对应，就好像"一个萝卜一个坑"一样。职位与职员是相对隐蔽的

"一对多"的关系。所以，如果你是一个聪明人，想在自己所在的公司有所发展，就不要认为自己是不可替代的，更不要认为公司离开你就无法运转，而是要时刻保持危机感。

非你莫属的职位是不存在的。作为职场新人，必须清楚地认识到这一点，保持应有的职场危机感，珍惜自己的职位，不要在失去后才追悔莫及。

# 9. 树立终身学习的意识

毕业时，很多人把书全卖了，包括专业书，觉得以后不用再学了。其实不然，工作之后，你要学的更多，而且即使你成为职场"老手"，学习也不能停止。

任何人都有缺点和弱点，学习是弥补它们的唯一方法。如果一味地逃避和推卸，那么它们就会被一步步放大，你就可能出更大的问题。刚入职场，不论此前在学校里有多么风光，都已成为过去。加强学习才是通向职业生涯顶峰的唯一通道。

约翰娜·玛克司夫人生活在离德国科隆不远的西比希城，她的事迹令人称奇。

1988 年，当时 64 岁高龄的玛克司夫人决定学习教育学，她刻苦学习了六年，以优异的成绩获得了科隆大学的教育学硕士文凭。

在 79 岁时，玛克司夫人又完成了长达 200 页的博士论文，论文的题目是：《如何度过晚年——学习使老人永远充满活力》。

西比希城的市民们无不为这位老人疯狂，甚至把她评为该城"最伟大女性"。不久，玛克司夫人参加了德国著名电视主持人迪沃累克主持的一次脱口秀节目。她的事迹震惊了整个德国。

玛克司夫人退休之前长期在一家公司任职，是个活跃、开朗的女士。她生性好学，在公司里几乎能胜任每一个岗位。

玛克司夫人为了完成博士论文《如何度过晚年——学习使老人永远充满活力》，她拖着年迈的身体，深入多个养老院和普通家庭，采访了 34 位终身学习的老年妇女。由于她是她们的同龄人，她采访起来非常容易，老人们都表示进入老龄之后感觉到孤独、失落。而正是孜孜不倦的学习，她们的晚年生活才异常地充实和快乐，学习令她们身心健康，她们几乎都没有得什么重大疾病。

玛克司夫人认为，人的大脑的"锻炼"尤为重要，如背诵歌词和外语单词就是很好的锻炼大脑的方式。每个人都会变老，这是不可避免的自然规律，但晚年怎么过却是人自己决定的。

论文发表后，玛克司夫人每天都会收到大量来信，其中有很多来自初入职场的年轻人。一个二十多岁的年轻人在信中写道:"听了您老人家的故事,我再也不会停止学习了!"

做人要低调、谦虚,保持好奇心。新入职场,都希望"一飞冲天",但量变决定质变,"一口吃不成胖子"。在职业生涯的路径选择上,与其"高开低走"、处处"碰壁",不如终身学习、稳扎稳打。所以,树立终身学习的意识很重要。

第三章

没有职业规划，
等同职业失败

# 1. 职业发展最忌急功近利

有些人在学校的时候可能觉得外面的钱没有多难挣，而在毕业后开始找工作时，却有点儿乱了手脚，甚至变得浮躁、急功近利。

俗话说："不想当将军的士兵不是好士兵。"的确，每个人都希望在职场里占据一席之地。但是，只是"敢于追求"并不能使你得到你想要的，还必须建立在自身的能力基础之上。许多人在职场中，为了能够快速得到最多的利益，常常会产生急功近利的浮躁行为，但是如果你这么做，结果往往会事与愿违。

古代有个叫养由基的人，他精于射箭，有百步穿杨的本领。一个年轻人要拜养由基为师，刚开始养由基没同意，但是他再三地请求，养由基终于感动于他的执着，收他为徒。养由基交给他一根很细的针，要他放在离眼睛几尺远的地方，整天盯着针眼儿看，他看了几天就觉得眼睛酸不想看了。养由基又让他一天到晚用手平端一块石头，伸直手臂练臂力，练了几天，他觉得胳膊又酸又痛。这个年轻人想不通："我只想学他的射术，他却让我整天盯针眼儿、端石头做什么？是不是不诚心教我？"于是不愿意再练，去别的地方拜师了。

后来这个年轻人又向别的老师学艺，也都是半途而废，最终没有学到射术。等他老了才终于明白过来，如果当初能脚踏实地苦练射术，自己也许已经成为一个神射手了。但是自己并没有坚持下去，而是抱着急功近利的态度，现在悔之晚矣。

急功近利的人，由于对自己的期望很高，总想事半功倍，急于求成，而不能静下心来工作。因此，他们遇到挫折总是很容易失望、失落乃至崩溃，因为给自己的压力过大而身心俱疲。可是有些事情是急不来的。

当一个人的双眼专注于一个"快"字上时，他就看不清现实了。他腾不出时间问问自己："我走的方向对吗？"可能自己走了弯路都不知道。结果往往是加倍辛苦，却到达得更晚，甚至到达不了。他多半不会考虑长远，只图眼前利益，所以注定了他只能耍小聪明而没有大智慧，不能笑到最后。

还有些人由于急功近利，对别人偏听偏信、盲从他人，他们盲目地追名逐利，"一叶障目，不见泰山"，甚至为了眼前利益或者为了摆脱眼前的困境，牺牲重要的东西，这无疑是饮鸩止渴，求得了一时的痛快，却以丢掉自己的幸福为代价。

大学刚毕业这一年最忌急功近利，要能够静下心来，耐心地做一份工作，这样的人才是未来的佼佼者。记住，没有任何成功是可以轻而易举地达到的。如果你没有耐心，你就做不好细节，就容易在不经意之间忽视掉许多重要的环节，而这个时代又是那么重视细节。

凡事都要循序渐进，如果急功近利，不顾事物的发展规律，就会出现不好的结局。一步登天是不可能的，做事需要一步一个脚印，脚踏实地，为自己的发展打下坚实的基础。职业发展就像是建造高楼大厦，打不好地基怎么能经得起风雨！所以，在职业发展之路上切忌急功近利，要一步一步地走好脚下的路。

## 2. 职业规划，须考虑地域

大学毕业时，有很多人认为只要工作好，去哪儿都一样。其实不然。如果你要做好一份职业规划，那么你首先应该考虑的往往是地域问题。

张亮的高中同学大多来自农村，也有部分是县城的。由于教育水平有限，全班 60 个学生，考上大学的也就是 30 人左右。

从张亮大学毕业到现在十年的时间，同学们的职业发展基本上已经定型了。大学毕业后，有些同学回到了家乡发展，大部分同学都选择了留在大城市。

有一年春节，张亮回家参加同学聚会，有两个同学说自己很后悔回到家乡工作，因为他们所谓的学历和能力在落后的县城根本就用不上，失去了竞争优势。再说了，县城里稍微好点的企业也就那么四五家，想"跳槽"都没有地方去；想再去一线城市，可是已经都没有那股闯劲儿了，更何况已经娶妻生子。但是一些家在县城的同学，因为在当地有"人脉"，都发展得不错。


地域是不容忽视的，它甚至会成为限制一个人发展的瓶颈。

大学毕业后回去建设家乡是值得鼓励的，但是作为个人，一定要考虑长远发展。如果你想回报家乡，可以先在比较发达的地方学习，将来成为真正的技术能人再返回家乡也不迟，或者等你在外面取得了重大成功，到家乡去投资，也是一个很好的回报方式。

单纯地说要去大地方发展也是不对的。在职业流动越来越普遍的今天，一生中在一个城市工作的人越来越少。在职业发展的初期，要尽可能在比较发达的地方工作，这样你能在一开始就站在比较高的高度；等你已经在职业发展上达到相当的程度，就可以考虑生活上更能接受的城市。当然，在职业发展过程中频繁地更换城市绝对不是什么好事，因为你在某个城市积累的资源和"人脉"将随着地域的变动而流失，会在无形中使你的很多成本上升。

有的人可能偏向于小城市的"田园生活"，觉得大城市生活成本太高而没有勇气去面对挑战，其实完全没有必要。大城市消费是高，但是大城市的机会更多，而且激烈的竞争更能够激发个人潜能，说不定你会比自己想象的好很多。

所以，在毕业后有必要在做职业规划时好好想一想，哪个地方更适合你发展。即使你到了职业中期，也可以考虑通过地域的转换让自己的职业生涯焕发"第二春"。

## 3. 找不到专业对口的工作怎么办？

每年毕业前夕，各种校园招聘就会如火如荼地展开，毕业生们在一场一场的招聘会上找寻自己以后的"出路"。但是有很多毕业生最后从事的工作是专业不对口的。

当然，在初选工作的时候，毕业生一般会倾向于找与自己所学专业相挂钩的职业，职业与专业不同的现象有时候是被逼无奈。可是，也有些人主动选择与自己的专业毫不相关的职业，因为他们觉得自己所学的专业并不适合自己。

李尚辉大学学的专业是信息与计算机科学，毕业后进入了一家与自己所学专业无关的公司。从去年九月份上岗到现在，他已经从最初的迷茫渐渐变得能适应现在的岗位，并开始融入到公司之中，自己的能力也慢慢发挥出来了。

回忆这段时间的工作经历，李尚辉深感习惯性学习很重要，将一点一滴积累起来就是无穷的力量。现在学习是在储蓄能量，是为了将来的爆发。

之前的一个月，他都是在自己学习，突然有一天，领导找他谈话，把他调到了受公司重视的业务部。在此过程中，他努力学习，只用了三个月便升到了业务部的副经理职位。

李尚辉表示，大学毕业生不一定要找与专业对口的工作，自己的爱好才是最重要的。做自己真正喜欢的工作，才会每天都精神饱满。

事实上，一些人成功的领域和他所学的专业常常毫不相干。例如，马云大学学的是英语专业，但是他却在电子商务上取得了成功。

在各行各业里都充满了"非专业"的人。所以找不到专业对口的工作不要紧，"三百六十行，行行出状元"！你怎么知道自己不会成为这一行的"状元"呢？

陈志武1986年从国防科技大学毕业，是系统工程专业的研究生。他毕业留校之后却被分到政治教研室工作，具体工作主要是给教研室老师分苹果、送花生、收钱等等。后来他到耶鲁大学留学，因为发现"原本选择做导师的那位教授年纪已经较大，他所做的研究课题有些过时"，于是听从了同学的建议，不再选择博弈论政治学或者数理经济学了，而是选择了金融经济学。最后他成了世界级的经济学家。

中山大学传播与设计学院院长胡舒立女士说："1978年高考，我报考的是北京大学中文系。当时正逢重建中国人民大学，学校特别从考入北大中文系的学生中挑选出一批优秀生，而我就是其中一个……"这是她的一次"别无选择的选择"，却把她推到了新闻界的顶端。

你还在为找到一份专业对口的工作而上下求索吗？你还认为不是专业对口的工作就是"将就"吗？其实，如果你是一个积极进取的人，那么你无论做什么都会努力去做到最好。

在拥有梦想的同时，要先把当前的事情做好，梦想绝不是你逃避的理由。

如果你能把当下的事情做好，那么理想也就不再遥远。生活中，有些人被自己的理想"绑架"了，一心想着去实现自己的理想，却又因为现实中有太多无奈而不得不做其他的事，而与此同时又不专心做当前的事，因此只能任时间一再流逝，理想越来越远，自己也变得心灰意冷。

找不到专业对口的工作没关系，手中有事可做，并把可做之事做好、做到极致，就是一种成功。而且，如果所做之事是自己喜欢的，是不是专业对口又有何妨呢？

# 4.不要把赚钱当成第一目标

赚钱不可耻，但是以工资论英雄是不应该的，人应该看重的是长远发展。找工作时不要把赚钱当作第一目标，而是去找一份有前途的工作。

有一年春天，郑州举办了一场大型招聘会，名曰"春风行动"。

招聘会现场，有一家小餐饮公司的总经理说："我跑了好几场招聘会了，可应聘者却寥寥无几。"他们需要七八名服务员，正月初六就打出了招聘启事，可直到昨天才招到两人。待遇应该说还算不错，给服务员开的工资是底薪2000元加提成。如果好好干，一个月能拿2500元以上。

其实招工难不只是困扰着餐饮行业，家政行业也是如此，一家家政公司的负责人说："年后，我一直在招工，可直到今天，我们公司还缺几十人。"他们公司当天出动十几人去现场招聘，可是收获甚微。

与此形成鲜明对比的是，科技岗位区内人头攒动，岗位也供不应求。一些技术公司或科技公司，提供月薪不足千元的办公室岗位，毕业生们却蜂拥而至。

毕业生刚刚毕业，积累经验最重要，所以应更看重长远发展。不要对"没有技术含量"的行业有偏见，放不下"面子"和"架子"。

有些工作，工资并不高，但很有前途，从长远的发展来说，这种选择也是对的，不能仅以工资高低"论英雄"。

在某名牌大学的一次毕业聚会上，一位毕业生说："我们毕业后必须从薪水中拿出一些作为住房公积金、医疗保险基金，还要赡养父母，而且还希望继续深造，这些都需要大量的金钱，在这样的社会背景下，找工作当然要以赚钱为主。"另一位毕业生却说："如果我们一就业就盯住'薪水'不放，目光是不是太短浅了呢？我希望能在三十多岁就功成名就，收入的高低并不是成功与否的唯一标准。除此而外，对工作是否有兴趣，工作是否适合你，公司的运作方式，都应该在考虑之列。"

工资和待遇当然是毕业生选择企业时的一个重要标准，这也反映出毕业生迫切的现实需求。但是大学生就业形势一年比一年严峻；还有很多用人单位，特别是大的民营企业，根本就不接纳毕业生。在他们看来，毕业生要求多、经验又少，而且很多大学生不稳定、喜欢"跳槽"。因此，给的工资待遇一般比较低。所以说，现在人才市场的主动权掌握在用人单位的手中，几乎没有"讨价还价"的权利。

当然，你非要找一份工资达到自己要求的工作也不是不可能，但是一味地追求工资待遇，你将会失去很多机会。因此，毕业生应理智地对待"钱途"和前途，要明白前途比赚钱更重要，等自己有了"本钱"之后，才有追求"钱途"的更多"筹码"。

## 5. 知道自己要什么最重要，不要频繁"跳槽"

有很多人可能在学校里学习成绩一直不错，被说成是"聪明的孩子"，于是参加工作时也有点"飘飘然"，认为自己聪明，想尝试不同的工作，于是开始频繁地"跳槽"。也有些人认为"跳槽"能提高薪水，越跳工资会越高。但是，有多少人分析过"跳槽"可能存在的风险呢？事实上，知道自己要

57

什么才是最重要的，频繁地"跳槽"有很多弊端。

牛立光毕业于郑州大学行政管理专业。在过去的一年间，他已经在 3 座城市换了 5 份工作。

牛立光是河南洛阳人，毕业后的第一份工作是家人帮忙在洛阳当地找的专业对口的政府部门。不到 3 个月，他就对每天帮领导买饭的小事厌烦不已。于是他离开洛阳，进了郑州的一家私人外贸公司。虽然外贸公司的工资待遇还可以，也能学到一些经商的经验，但他却不想在这里永远当个"打工仔"，于是，3 个月后，他辞去了外贸公司的工作，只身一人来到了广州。但是在广州找到的电脑销售员的工作需要说粤语，他很是失望，于是又辞职来到东莞，在一家公司做业务员。

由于东莞人的做事态度不符合牛立光的"品味"，3 个月后，他又一次辞职，前往深圳。在深圳，他进入了一家工资待遇非常好的公司，生活相对宽裕起来。但是这里的工作压力很大，办公室内的氛围也不太好，这些都让他受不了。终于有一天，他背起行囊又回到了洛阳，他现在感到十分迷茫。

事实上，如果一个人足够聪明，就应该明白自己要的是什么，而不是像无头苍蝇似的四处乱窜。频繁的"跳槽"会使个人事业的发展缺乏持续性，使人找不到职业方向。做的工作多了，人容易迷失自己，最终不知道自己想要的到底是什么了。

另外，一旦你经常"跳槽"的事传到用人单位的主管或者领导那里，用人单位可能就会对你心存芥蒂，担心你在公司干不长，重要的事情也不会交给你去做。聪明的领导都懂得"用人不疑，疑人不用"的道理。一旦用人单位的领导对你有疑心，你在这里还有什么意义呢？这是每一个频繁"跳槽"者必须认真考虑的现实问题。

一般而言，对于刚毕业的大学生，在刚开始的几年中，"跳槽"的经历是根本不值得一提的，即使你告诉新的用人单位自己有工作经验，但是因为时间不长，你也只能被当作新手来看待。你要是在大学毕业后，先在一家公司踏实地干几年再"跳槽"，才有资格被用人单位当作熟手来看待。对于刚走出校门的人来说，"跳槽"的次数越多，自己在某专业方面的工作经验就贬值得越厉害，等于是在不断贬低自己的身价。

大多数人刚毕业的时候都很年轻，可是如果跳来跳去，随着年龄的增长，事业上就会越来越没有发展空间。随着年龄的增长，找工作就会越来越难。

有些人"跳槽"是为了提高收入。收入的高低往往是和你的技术水平联系在一起的，而过硬的技术水平不是一朝一夕就能达到的。如果你整天忙着换工作，你哪有时间提高技术水平？自己以前过硬的本领可能会在频繁的调换岗位中逐步减弱或者丧失。经常"跳槽"的人什么都会一点儿，但什么都不精通、不专业，往往谁也不会愿意重用他。

毕业生应该花时间想一下自己要的是什么，不要自以为聪明地频繁尝试不同的工作。这样做往往是得不偿失。

## 6. 选择的公司越大越好吗?

很多人都希望毕业后能进入一家大公司,因为他们觉得大公司的各方面都非常完善,可以帮助一个外行新手迅速成长为行家老手。这样的认识并没有错,但是大公司有优点也有缺点,小公司也有自己的竞争力;大公司提供更多培训,小公司提供更多实践,可谓是各有千秋。

李亚伦刚毕业就在北京一家大公司工作,工资不是很高,但待遇不错,福利也很好。但是最近他正在托朋友帮忙介绍工作,原因是在公司基本没有事情做,根本就学不到东西。而且部门的人员虽然非常多,但是公司制度很严格,大家上班时间都不敢讲话,到现在自己连本部门的员工都没认全。而且,李亚伦来公司快一年了,从没有任何一位领导找他谈过话,在领导眼里,他基本就是一个"隐形人"。

很多人总有个观念,就是公司越大,能学到的东西越多。事实上并非如此,真正有用的知识或者技能,是建立在实践的基础上的，而这些，公司是不能主动传授给你的。你认为在大公司里学到的那点东西，在小公司里说不定能更快学到。

吴倩倩上学时就喜欢在网上"淘"衣服、首饰。她学的是电子商务，毕业后在亲戚的帮助下顺利进入了一家公司工作。她每天的工作任务就是做 200 个网站页面的横幅广告，虽然工作挺枯燥，但待遇还不错。后来因为公司裁员，她也在名单之中，才发现自己除了粘贴一下广告，连网页设计都不会。

无论进大公司还是小公司，关键还是看个人。大公司往往"一个萝卜一个坑"，一切都有秩序，有章可循。如果你想开阔一下视野，大公司先进的管理体系和企业文化也能帮助你知道什么是最好的。还有一点很重要，在大企业工作的经验，可以使你以后找工作的道路平坦许多。

但是，对于一些上进心特别强、自己将来要创业的人，在大公司往往就会觉得非常压抑，不能大展拳脚。而且，进了大公司，往往要"熬"上十几年才能"熬出头"，而且要"熬"得有质量才行。相比之下，小公司一般是"一个萝卜几个坑"，如果你有能力，老板就会把一切都交给你。所以说，在小公司弹性更大，很适合跳跃性发展。当然，小公司的缺点也是显而易见的，比如，小公司不够稳定，周围可供你学习的优秀人才很少，小公司的工作经历很少被认同。

总而言之，选择的公司并不是越大越好，也不是越小越好，适合自己才是最好！


# 7. 及早发现自己的优势


毕业一段时间之后，好多人都有这样的感觉：自己在社会上来说，什么都不是，觉得自己身上没有什么优点，比不上别人。事实上，每个人都有自己的优点，只是你没有发现罢了。

刚踏入社会，不可太过高调，但是也不能因为要低调就妄自菲薄，而应该学会发现自己的优点。

英国有一个小男孩名叫艾金森，他从小言谈、行事迂阔笨拙，且长相憨呆，常被同学们取笑。上学的时候，他常常把课堂搅成"一锅粥"，老师也拿他没办法。所有人都认为他身上没有任何优点和发展前途，甚至他的家人也担心他以后怎么生存。艾金森知道自己身上的缺点很多，但他发现自己有很强的表演欲，他表演的滑稽剧常常逗得老师和同学捧腹大笑。有一天，一位著名的喜剧导演见到了艾金森，他的表演让这位导演惊叹不已。导演觉得艾金森是不可多得的喜剧表演天才，立即邀请艾金森作为主角参加他的喜剧电影拍摄。他就是著名的"憨豆先生"，艾金森凭借自身的优势成为世界知名的喜剧表演艺术家。

人的优点绝对能够改变一个人，甚至改变人的一生，所以在职业生涯中，一定要知道自己的优势所在。从现在开始，努力去发现自己的优点，增强自信，培养自己积极、乐观的精神，在工作和生活中正确认识自己。不要一味地给自己"伸小拇指"，是时候给自己"竖大拇指"了。那么，怎样才能发现自己的优点呢？

首先，要多观察，观察是发现的基础和前提。自身的优点有时候并不那么明显。你也可以问问你的父母、朋友和同学，了解在他们心中你有哪些优点。

其次，对自己多一些鼓励、赞扬和夸奖，少一些自责、自卑和妄自菲薄，这样才能使自己的优势得以发扬光大，引起别人的注意。

另外，发现了自己的优点后，合理利用才是"王道"，善用优点才能改变人生。想办法在工作中把自己的优点发挥得淋漓尽致，这样你会越来越优秀。有了优势，有了自信，你就会爱上自己的工作，生活也会更加充实。

# 8. 降低就业期望不如改变就业观念

毕业之后，有些人顺利找到了工作，而有些人找工作的过程却并不容易。于是，有的人开始一味地降低自己的就业期望，虽然最后找到了工作，但是离自己的期望值却差得很远。在这种情况下，当务之急应该是转变就业观念，而不是降低就业期望。

如何转变观念呢？首先要分析一下毕业生为什么就业难？究竟难在何处？

第一，"无业可就"。大学生就业是增量就业，社会并不会在毕业时特意为毕业生空出职位供你就业，事实上新增劳动力的需求并不大，每年就业岗位的增加也就那么多，这些因素导致肯定会有人无法就业。

第二，"有业难就"。当就业机会不是那么短缺时，常会出现结构性缺陷，即毕业生素质和技能不适应就业岗位的要求，导致了有的大学毕业生找不到工作，而有的企业招不到人的情况出现。

第三，"信息不畅"。如果信息不畅通、不对称的话，一方面许多企业、许多有需求的岗位招不到大学毕业生；另一方面，大学毕业生不知道去哪里找适合自己的工作岗位。

第四，"有业不就"。一些毕业生宁愿留在大城市住地下室，也不愿去中小城市住宾馆。这种思想观念很容易造成"有业不就"。

事实上，毕业生在学校时的就业期望和现实是有差距的，这是就业困局中的难题。所以，要转变就业观念，一方面要调整就业期望，另一方面就是先就业再择业。

李云在上学期间，她的妹妹从日本给她带来了许多化妆品，除了自己用的，她将剩下的卖了出去。开始的时候她是在学校摆地摊卖，毕业后她想到了淘宝网。经过细致考察之后，她的网店开张了，靠实惠的价格和优良的服务，很快赢得了顾客的一致好评。开店半年后，李云的店已经是"四钻"在手。一年的时间，她做到了"皇冠"级别，现在她聘请了3名客服人员，月销售额近50万元。

李云对那些还在为工作奔波的同学说："干吗一定要找工作给别人干活呢？只要你有那份心，完全可以自己去创业。"

转变观念就是要让自己明确目标。如果你想做一名技术人员的话，就不要跟着别人考公务员，以后在一家企业做技术骨干、带头人。

当然，转变就业观念不是一两句话就能实现的。现在国家鼓励大学生到农村、到基层，其实跟着政策走也不错，只要有用武之地就行。能自主创业固然不错，但不能也不要"在一棵树上吊死"。

现在，大学毕业生的出路不算少，除了留在大城市就业以外，主动创业、投身基层等都是不错的想法。

一味地降低自己的就业期望是一种退步的行为，退到最后就是无路可退。转变就业观念，说不定你就能实现自己的就业期望。

# 第四章

晋升来·自努力，
更来·自·方法

# 1. 公司要的是业绩，而不仅仅是态度

很多人在毕业应聘的时候都有过这样的想法："我虽然没有工作经验，但是我有热情啊，我有学习的态度啊。"是的，即使你真有，也没必要在面试官面前说出来，因为公司要的是业绩，而不仅仅是态度。

工作就是向自己挑战的过程，有些人已经很成功了，却还在不断的挑战中使自己趋于完美。

比尔·盖茨是一个非常谦虚的人，经常把身边的同事当作老师。每次演讲结束后，他总是真诚地请助理和同事帮他分析这次演讲的不足之处，然后进行更正和改进，争取下次不再犯同样的错误。正是通过不断地虚心学习，不断地在别人的意见中完善自己，比尔·盖茨的演讲才越来越精彩，他也最终成为世界级富翁中最卓越的演说家之一。

除此之外，在微软公司，比尔·盖茨还经常鼓励员工畅所欲言，对公司的发展、存在的问题和对上司的表现，毫无保留地提出批评和建议。他说："如果人人都能提出建议，就说明

人人都在关心公司，公司才会有前途。"微软也因为"反省"而成了行业的"不倒翁"。

自我反省是成就职场卓越的重要手段，如果你想要公司给你升职加薪，你就应该先深化对自己的反省和认识，提升自我。

职场中，只要你真的对公司有所贡献，或者做出了比较大的业绩，领导是不可能察觉不出来的。每一个领导都有自己的判断，他们知道人才是公司发展的"命脉"，而且培养一个优秀的员工，是很不容易的事。因而，如果领导觉得你是一个可用的能够创造价值的员工，他不仅会在开会时表扬你，加薪也是一种常见的奖励方法。有的时候，领导很久不给你加薪，除了懊恼之外，你也应该多想一想自身的原因。

宋佳怡是一家外企公司的文员，公司的工作氛围比较紧张。半年后，宋佳怡想到自己这么辛苦这么努力，觉得是时候让领导给自己加薪了。

宋佳怡从朋友那儿听来的建议是，如果员工想向领导提加薪的请求，最好是去问问领导对自己工作的评价，以暗示领导。于是宋佳怡敲开了公司领导办公室的门，可是领导在表扬了她的工作态度不错之后，却说出她的工作效率不够高的事实，根本没有要给她加薪的意思。

宋佳怡觉得十分委屈，赌气地对领导说："您要是觉得我这么累还没有别人做得好，那我就只能辞职了。"

领导听完这句带有威胁性质的话，马上说："可以，你明天去人事部门办手续吧。"

宋佳怡回到家大哭了一场。她很郁闷，也很委屈。实际上，这根本就不是宋佳怡的本意，她只是因为工作时间超出了正常时间，很辛苦，想得到更多的回报。但在领导看来，宋佳怡的工作态度符合要求，但业绩却并不突出，所以否定了她加薪的要求。

上例中的宋佳怡如果能在与领导谈话过后，认真思考自己的不足，尽快提升工作效率，升职和加薪一定不是问题。

在日常的工作中，如果向领导暗示加薪而没有得到预期的结果，就应该回去反思自己的工作业绩，真心实意地找领导请教，然后做进一步的改进。等到业绩做出来之后，领导自然会对你刮目相看。

毕业生刚入职场，可能会遇到这种情况：不论你多努力，对公司的忠诚度多高，老板就是不给你加薪。这时候你可以通过反思自己的时间管理找到一些原因。态度很重要，但是它一定得能产生相应的业绩来才能被领导看到。在公司里，一切凭业绩说话。

## 2. 积极主动地去做事

有的人工资很低，却依旧勤勤恳恳地工作。而有的人喜欢埋怨工作忙、埋怨工资少，一天到晚都在想老板如何"抠门"，自己如何劳累。其实，只有那些勤恳努力的人才能最终得到领导的赏识，才会收获得更多。

在职场中，老板与员工之间的关系其实很简单。员工是在用自己的能力为老板创造利润，老板则帮助员工实现自身的价值。在公司工作，收入低时没有必要抱怨太多，因为真正在职场中所要获得的，不仅仅是薪水，而是以后你不论在哪里都能用上的能力。

这一天公司开会，会开了很长时间，耽误了大家休息，这让很多员工不满。会议结束后，大家都松了一口气，都急着离开。这时，老板突然说："我想建立一个局域网，谁可以来做啊？"大家你看我，我看你，谁都不愿意表态。有人小声地问了一句："有加班费吗？"老板气得脸都红了。大家都不愿意再无偿地多做一项工作，生怕老板让自己去做。于是大家都把目光投向了一向好脾气、不爱说话的李东。老板无奈地说："那就李东来弄吧！"老板这么一说，其他人都高高兴兴地跑了出去。

会议室里只剩下李东一个人，他完全可以推掉这项工作，因为他学历低，并不知道局域网是什么东西，更不知道该怎么建。但是他没有推辞这项工作，而是跑到图书馆，借阅了大量关于局域网的书，通过彻夜不眠的研究，终于弄明白了局域网的建立方法。

半个月后，公司的局域网终于通了，但是李东依然领着他那微薄的薪水。同事们开始纷纷向他请教关于电脑方面的知识，为了应付这些，他只好更加用心地学习。一年之后，李东顺利地当上了部门主管。

事实上，自从上次李东建好局域网之后，老板就一直想提升这个不太爱说话的员工，但他想再观察一段时间。通过一年的考察，老板终于下定决心让李东担任主管。

卡耐基说："有两种人将永远一事无成，一种是除非别人要他去做，否则就绝不主动去做事的人；另一种是即使别人要他去做，也做不好事的人。那些不需要别人催促就会主动去做应该做的事，而且不会半途而废的人必将成功。"

主动找事情做的人成功的概率要远远大于被动等待的人。做的事越多，成功的概率就越大。

职场中，很多人总是喜欢拿报酬来和自己所做的工作量做对比。不少员工都是做完上司安排下来的事情之后就不愿意再为公司付出一丝一毫。

其实，通常情况下，有成功潜质的人都会刻意去多做一些事情，因为他们知道仅仅完成老板交代的任务只能做一个普通的员工，并不能给老板留下深刻的印象。完成本职工作是每个员工的责任，并不值得炫耀。只有多做出的那部分事情，才会让自己在众多员工中脱颖而出。而领导注意的，常常正是这一部分事情。

金钱不是成功的代名词，你的工作值多少钱你永远不会知道。你如果想在职场中胜出，那么就应去做别人做不了或不愿意做的事，努力为自己的未来而奋斗。通常情况下，领导是不会要求员工提前完成任务的，但是提前完成任务无论对公司，还是对自己，都是有利无害的。尽管公司并没有多付给你薪水，但是你要明白，实质上领导会把你所做的事都记在心里，你只需继续努力就够了。

在职场工作，你一定要看到自己所收获的东西，而不仅仅是看到金钱。主动去做事，不管在哪里，凭着你收获的东西，你都能干出一番事业。

# 3. 做好工作计划

在学校上课的时候，老师会帮你排好课程表，每天都按照课程表上课。当你毕业参加工作之后，就没有人再为你排好"课程表"了，这时候就需要你自己来制订工作计划，然后按照自己的工作计划安排工作。

赖福林是美国一家公司的董事长，他每天清晨7点之前来到办公室，先是读书15分钟，然后全神贯注地展开思考，重点思考一天的工作，最后把一天内所要做的事情一一列在黑板上。大约8点钟，他与秘书共进咖啡，这时他会把这些考虑好的事情跟秘书商量一番，然后做出决定，由秘书帮忙安排。

赖福林工作非常有计划，做事有条不紊，极大地提高了公司的工作效率，为他进入美国管理界打下坚实的基础。

赖福林曾经说过："你应当计划好你的工作，在这方面所花的时间是值得的。如果没有计划，你始终不会成为一个工作有效率的人。工作效率的中心问题是你的计划做得如何，而不是你工作干得如何努力。"合理的计划能让你在相同的时间内做更多的事情。工作有目标和计划，做起事来才能有条理，你也能从中节省大量的时间，办事效率将显著提高。

有些人工作一段时间之后会觉得很吃力，令他们觉得吃力的原因往往不是工作太多，而是没有计划、没有系统。不会计划的人总是这样想："我必须工作，我要努力工作。"可是，没有计划，你很可能在一些没必要做的小事上浪费时间和精力，而该做的事却做不完。如果你每天都有计划，那么你随时都知道自己要做什么事，工作效率就会大大提高。

美国总统罗斯福是一个很善于制订计划的人。他时时把他所要做的事记下来，然后拟定一个计划表，什么时间做什么事都写得非常详细。这样，他做什么事都很准时。通过他的办公日程表可以看出，从上午9点钟与夫人在白宫草坪上散步起，至晚上招待客人吃饭等为止，整整一天他都在不慌不忙地做事。到该睡觉的时候，因为该做的事都做了，所以他能完全抛开心中的一切忧虑，睡觉的时候不会受到任何打扰。

细心计划自己的工作是罗斯福工作起来有条不紊的秘诀。每当一项工作来临时，他便先计划需要多少时间，然后安插在他的日程表里。因为重要的事很早地安插在他的办事日程表里，所以他会准时出现在重要的场合。

在制订计划的时候，必须考虑计划的弹性。不能将计划制订在自己能力所及的 100%，而应该制订在能力所及的 80%，这样可以应对一些意外的发生。我们几乎每天都会遇到一些意想不到的情况以及临时出现的任务，如果你每天的计划都已经排满，那么，在你执行突发任务时，就必然会挤占你已计划好的工作时间，原来的工作就会被迫延期。久而久之，你的计划就失去了对你的约束力。

要想做事不忙乱，就要花少量的时间来提前做计划。你会发现做了计划之后时间仿佛一下子变多了，而且以前拖延的习惯也有所改正，这就是计划的魅力所在。

毕业了，以后工作和人生的"课程表"只能靠自己来制订。有计划地工作，你将赢得更多的时间。

## 4. 第一次就把事情做对

有些人平常做事，习惯不求完美，做不好的后期再弥补。可是，人生不能重来，你有多少时间浪费在对错误的补救上了呢？

有位广告经理平时最经常说的一句话是："我很忙。"他曾经因为"忙"犯过一个错误。当时由于完成任务的时间比较紧，他在审核广告公司回传的样稿时不仔细，在发布的广告中把服务部的电话号码弄错了。就是这么一个小小的错误，给公司造成了一系列的麻烦和损失。

最后，那位广告经理忙了大半天才把错误的问题料理清楚，期间耽误了很多工作，不得不在公司里连续加班。与此同时，还让领导和其他部门的同事和他一起忙了好几天。如果不是大家一起全力补救，造成的损失必将更大。

工作之后，当你"忙"得心力交瘁的时候，是否考虑过这种"忙"的必要性和有效性呢？假如在做事的时候稍微认真一点，你还会这么忙乱吗？

领导一般都会要求员工"第一次就把事情做对"。因为，第一次没做好，第二次才把事情做对，是一种对时间和资源的浪费。

著名管理学家菲利浦·克劳士比的"零缺陷"理论的精髓就是"第一次就把事情做对"。第一次就做对是最经济实惠的经营之道！"第一次就做对"的概念是工作和管理的"灵丹妙药"，也是自我管理的一种很好的模式。

因为刚刚接触社会，很多毕业生都会发生工作越忙越乱的情况。常常是解决了旧问题，又产生了新故障，错误接连不断，轻则自己不得不手忙脚乱地改错，浪费大量的时间和精力，重则返工，给公司造成不小的经济损失或形象损失。

有一种恶性循环是这样的：第一次没把事情做对，乱了阵脚，改错中又很容易出现新的错误，结果错误的死结越缠越紧。这些错误影响的不仅仅是自己，还会扩大到让很多人跟着你忙，造成巨大的人力和物资的浪费。

所以，必须终止这种忙乱。再忙，也要抽时间让自己冷静下来，学聪明点，使巧劲解决问题。第一次就把事情做好，把该做的工作做到位，一切问题都将迎刃而解。

忙不可怕，只是要忙着创造价值，而不是忙着制造错误或改正错误。在工作完成之前要想一想出错后会给自己和公司带来的麻烦，努力避免各种错误。

毕业生初入职场，目标应是"第一次就把事情完全做对"。首先要知道什么是"对"，然后竭尽全力去完成这个"对"。

一次工程施工中，一位师傅正在紧张地工作着。他想用一把扳手，于是叫了下小徒弟："去，拿一把扳手。"小徒弟答应了一声就跑了出去。过了一会儿，小徒弟气喘吁吁地跑回来："扳手拿来了，真是不好找！"师傅却看到他手里拿着一把巨大的扳手。

"谁让你拿这么大的扳手呀？"师傅发现这并不是他需要的扳手时生气地说。小徒弟没有说话，委屈地再次返回去拿。这时师傅才发现，自己忘记告诉徒弟需要多大的扳手，也没有告诉徒弟到哪里去找这样的扳手。徒弟又不是自己，并不知道自己想的是什么。是自己没做对，因为自己并没有明确告诉徒弟自己的意图，才导致徒弟一次又一次地回去拿。

此后，师傅都明确地告诉小徒弟，到库房的某个位置，拿一把多大尺码的扳手。从此，小徒弟再没有犯过类似的错误。

毕业生的社会经验很有限，要想把事情做对，就要先弄明白什么是对的，如何去做才是对的。在不知道某事的标准之前，不要急着去做。平常的时候做一个有心人，关键时刻才能一次就把事情做对。

## 5. 在正确的时间做正确的事

工作之后，要学会在正确的时间做正确的事。

一件事情能不能做成功，时间的把握往往最关键。厨师们都知道，在做菜的时候，如果一道菜要求小火慢炖半小时，那么他就必须时刻关注着时间。不到半小时，可能吃起来就会嚼不动；超过半小时，可能肉就失去了筋道的口感。

很多人之所以能成功都是因为他们在正确的时间找对了人，自然就做对了事。

在正确的时间做正确的事，普通人也能取得成功。同样地，在做一项工作前，也要想一想时机对不对，如果时机不对，可以先放一放。

如果你是一个业务员，在给客户打电话推销你的产品之前，应该先想一想，这通电话在什么时间打合适。客户如果是一个习惯工作到很晚的人，那你在大清早打电话给他肯定不行，也许对方还没起床。吃饭的时间也不要打电话，饭都不让客户吃好，客户怎么会愿意买你的东西呢？

在办公室做事的人要注意，在找领导汇报工作之前，要先想一想，什么时间比较合适。领导很忙的时候不能去，比如，这一天领导的电话响个不停，或者领导很快就要出去办事。这个时候你如果去汇报工作，他最多是敷衍你一下，说不定你还会受到批评。在周围的人都很忙，而你刚做完手头的活儿的时候也最好不要去。因为领导可能会觉得你这个人急于表功，别人都在干实事，你却在务虚。

安东尼来这家公司一年多了，虽然一直都非常努力地工作，但是在自己的工作岗位上，他并没有取得很好的成绩，也一直没有获得提升的机会，因此他很焦虑。

有一天，安东尼把这个苦恼告诉了自己的上司，上司问他："你觉得你每天都很忙吗？"安东尼回答说："是的，我很忙。"上司继续问他："你认为你每天的工作完成得很好吗？"他想了想，摇摇头说："我一直希望能够做到最好，可实际上，虽然我一直都很忙，但我知道自己的工作完成得并不出色。事实上，我发现我就是累趴下也无法把所有的事情做到完美。所以，有的时候我甚至认为自己太差劲了！因为我的时间总是不够用。"

上司笑了笑说："安东尼，你能主动思考这个问题说明你很不错。其实我一直想告诉你，你应该更好地把握工作开展的时间。有的时候，你的效率很低。你要学会在正确的时间做正确的事，这样你才不会感到忙碌。"

工作不能随意，在进行之前你必须考虑哪个时间最适合做这件事。在你决定要去做一件事情时，应该做到"三思而后行"，选择在一个正确的时间去做你认为正确的事。

# 6. "A4 纸工作法"：有序做事

踏上工作岗位以后，需要有序做事。

喜欢看名人传记的人应该会发现，对于许多有很大成就的人来说，日程笔记是不可或缺的东西。他们的笔记上记满了"某月某日某时，与某公司的某经理会谈""某月某日上午八点半到九点半，晨会"之类的事情。他们所要做的事情都能够按计划进行，所以他们不会觉得苦恼。

在实际工作中，即使你制定了日程表，能够按计划进行的概率通常也只有六成左右。剩下的四成是由于他人的原因或出现了一些意外而不得不改期。而且，即使你能按照每天的日程安排走，你也很难完全按照每月、每周的计划走，有时很可能会出现一些纰漏。为了应对这些，你应该学会"A4纸工作法"。

一张A4纸"日程管理表单"分为每月表和每周表。

每月表首先从记录两三个月跨度的工作目标开始。这个时候，目标要明确。如果目标写得不够明确，就会搞不清楚到底要做什么，而且很有可能导致目标无法实现，或是时间延迟。

首先，要在日程管理表单上写下一个季度的目标，接着写每个月的目标，再详细地写每周的目标。到了每周目标就非常具体了，因此一定要写上日期。在每周目标中，考虑好做所有事的先后顺序非常重要。

如果是自己能完成的工作，则不用写自己的名字；如果是需要委托别人一起做的事情，则写上合作伙伴的名字。而且，要在备注一栏记录每周工作环境的变化，例如，人事的变动。完成了的目标写上"已完成"，别人帮忙完成的事情则记录上帮助自己的人。

将日程管理总结到一张A4纸上，能够使宏观目标细化成微观目标，使本来看起来很复杂的事情变得简单。这样一来，即使由于突发原因而不得不改变日程，你也可以借助别人的手来完成工作，而且你可以有更多的时间用在你应该做的事情上。

反过来说，没有计划的人，工作经常会做到一半便放在一边，然后一边想着上周的工作还没做完，一边忙着这周的工作，不仅自己身心俱疲，效率也极低。

从今天开始，试一试"A4纸工作法"吧，有序做事才能快速做事，才能查漏补缺，你才能更上一层楼！

# 7. 日事日毕，日清日高

上大学那会儿时间很多，一天的事情很可能分好几天才做完。但是工作了就不一样了，如果你还是每天拖拖拉拉，就会随时被"炒鱿鱼"。

瑞士著名教育家裴斯泰洛齐曾经说过："今天应做的事没有做，明天再早也是耽误了。"

优秀不是靠喊口号喊出来的，而是源自日常的点点滴滴，需要踏踏实实地做好每一个细节。态度决定一切，细节决定成败。如果总是想着明天可以做，却不知"明日复明日，明日何其多"，而最终的明天就是人生的尽头了。一味地期待明天只会让人失去今天，最后落得一事无成。

"日事日毕，日清日高"对于刚毕业的大学生来说非常重要，坚持这个原则，可以有助于你的工作井然有序地完成。

刘云是某初中毕业班的班主任，每年她带的班考上重点高中的学生总是比别的班多很多，在一次表彰大会上她说出了自己当班主任的心得。

原来，刘云对她的学生从来不提很高的要求，基本上给他们定下的计划和目标都是能稳定进步的，比如说，每天的目标每天必须完成，只有在完成的情况下她才会让他们自由活动。长此以往，她班的同学整体成绩都上去了。而且，慢慢地同学相互之间也开始定目标，再后来就是自己给自己定目标了，并且当天就完成得非常出色。所以中考的时候大家都胸有成竹。

每做一件事情，都需要花费一定的时间，时间就是你的成本。所以珍惜时间就是节约成本、延长生命。只知道等待，今天等明天，明天等后天，工作总量一点儿没减少，时间却多花掉好几倍，这是得不偿失的。只有"今日事今日毕"，才能获得最大的收获。

一个人今天的工作若按照计划有条不紊地完成，就不会影响明天的心情。

比尔·盖茨说："凡是将应该做的事拖延不立刻去做，而想留待将来再做的人都是弱者。凡是有力量、有能耐的人，都会在对一件事情充满兴趣、充满热忱的时候，就立刻迎头去做。"

"此生待明日，万事成蹉跎。"人不是永远都有明天的，如果一直将事情往后拖，那么你会发现事情越来越多，像"滚雪球"一样。阿莫斯·劳伦斯曾经说过："一些人成功的秘诀在于形成立即行动的好习惯，他们才会站在时代潮流的前列；而另一些人的习惯是一直拖延，直到时代超越了他们，结果他们就被甩到后面去了。"

"日事日毕"才能"日清日高"。不要拖延今日事，这样明天才有更多的时间去奋斗。

## 8. 勤于思考，做事用手更用脑

这个世界不缺能动手的人，缺的是会思考的人。任何一家公司都不希望自己的员工只会机械地工作，这样完成工作的质量绝对不会高。任何一家公司在做一个项目之前，如果决策层没有认真地进行思考，这个项目很可能失败。人在工作中也是如此，如果自己不主动进行思考，就可能把自己的工作搞砸。

几乎每个员工都希望把工作做到最好，提前甚至超额完成任务，让领导对自己刮目相看，同时也使自己享受成就感。但是，回头想想，你是"在工作"还是"边思考边工作"？作为大学毕业生，你应该运用你的智慧来做事。

可能你在工作中并不懒怠，但是工作效率总是上不去。你虽然也是每天朝九晚五，按照公司的各种流程走，但是因为没有"思考"，你就会错失看见新事物的机会，丧失了创新的能力，所做的工作只是简单的复制。你要升迁或者发展，就需要寻找工作的乐趣，创造更多的工作成绩。

某公司规定，任何一个具有专业技能、有竞争力的新员工都必须在最初的一年内表现出自己的主动性，否则就意味着你只能出局。

过了半年，员工亨利和莱恩都完成了工作安排。他们的两个项目完成得都不错，亨利完成的部分还比较完美。没想到，人事经理却给出了这样的评价：莱恩是一个具有主动性的工程师，不但自己能完成工作，还能为别人提供帮助，可以承担紧急的任务；亨利是一个独立的任务执行者，执行力不错。结果，莱恩顺利地留在了公司，而执行力不错的亨利被淘汰出局。

亨利很不服气地到人事经理那里去申辩，他认为自己的主动性也很强，没人要求他收集最新的技术资料或学习使用最新的工具，但他做到了。人事经理笑了笑说："主动性指的不是如何出色地完成手头的工作，而是在完成过程中是否能够积极思考，有创新意识。主动性是主动工作与主动思考的结合，只会主动工作的人，还不如生产过程中的一台机器。"

无论哪家公司，如果开始裁员的话，首选的一定是那些缺乏主动性的员工。对于一个热爱自己工作的人来讲，工作不仅仅意味着如何使自己获得工资待遇，而且意味着在工作的同时进行创新的思考。

勤于思考的员工能发现公司为获得收益和取得成功所走的核心路线，然后踏上这条路线，为公司做出贡献。他们在工作中积极思考，愿意承担自己工作以外的责任，为同事和集体做更多的努力。勤于思考的人能够坚持自己的想法或项目，并很好地完成它，甚至不惜承担一些个人风险。

大学毕业后不管从事什么工作，除了要拿到薪水之外，你还要对自己提一些比较高的要求，比如，加薪和晋升，希望自己的梦想在工作的同时得以实现。但是，如果你不勤于思考，这一切都是"天方夜谭"。

# 9. 在失败和错误中成长

无论是上学的时候，还是工作的时候，每个人都会面临许多次的失败，都会犯各种错误，这时候你的抉择，你应对的方法，将决定你未来的命运。

公司不是一个港湾，那里可能会上演一次历尽艰险的旅程，人生的赌注就是在这次旅程中取得胜利。如果你忍受不了失败，承受不了错误带来的痛苦，你就很难达到辉煌。

在一次飞行中，碰到恶劣的天气，白振东担心地说："大家快看，机翼快要裂开了！"这时，站在旁边的空姐冷静地告诉他："机翼的制造是有很大的弹性的，这种恶劣的天气应该没有问题。工程师们把这种特性称为'容忍度'。如果机翼没有'容忍度'，它们就无法适应气流迅速变化形成的恶劣环境，那样它们在这种天气下就会像干硬的树枝一样容易爆裂。"空姐的话让白振东放下心来。

对于大学毕业生来说，难免会碰上不利的工作因素，这时你也需要增强"容忍度"，看到失败和错误中的"好处"。在人生的风雨中，你必须在失败中有所建树，才能让自己不断进步。尤其对于正在奋斗的毕业生来说，无论是生活中还是事业上难免遇到失败，这时如果你忍受不了被打垮的痛苦，你就很难踏上成功的阶梯。

实际上，失败和错误常常是迈向成功的阶梯，每一次正确的决定都建立在无数错误的教训上。钱学森指出："正确的结果，是从大量错误中得出来的，没有大量错误做台阶，也就登不上最后正确结果的高峰。"

那些被社会公认为有志气的成功人士之所以能成功，并不是因他们掌握了什么走向成功的秘诀，而恰恰在于他们经历了太多的失败和错误。成功与失败、正确和错误并没有绝对不可跨越的界限，成功往往是失败的尽头，错误也常常是正确的开端。

人失败的次数越多，越容易从中汲取教训。你做一件事情失败了，这意味着什么呢？可能是此路不通，你需要另外开辟一条路；也可能是有故障在"作怪"，你需要想办法解决；还可能是你的努力还不够，需要你付出更多。

失败有什么可怕呢？不失败怎么知道此路不通？失败与成功相隔往往只有一步。即使你做错了，只要你从中学到东西，改变自己的错误，以后就会多一份正确的经验。

失败与错误也是对人的意志的严峻考验。清醒的人，在失败与错误面前更能坚定自己的意志。能在逆境中学习是人走向成熟的标志。真理只有在燧石的敲打下才会发光，失败与错误就是锤炼意志的燧石。在接连不断的挫伤和失败面前，人不能被压倒，反而要变得更加坚强，通过提高自己来把以后的事情做成功。

失败与错误是生活的一个组成部分。它们促使人有所进取、求变创新和参与竞争。只要你进取，就可以减少失误；只要你的生命还在，就会有成功的那一天！

物竞天择，优胜劣汰。只要你越来越强，失败就不会倒向你。懂得在失败和错误中找"好处"的人，是真正的强者。

遇到失败，只要你不失去冷静，认真思考，就能获得最后的胜利，达到人生的辉煌。在狂风暴雨的冲击下，坐以待毙只有死路一条，意志坚定的人则会充满自信，能够在失败和错误中汲取教训，从而获取成功。

一位哲人说过："失败，是走上更高地位的开始。"一个经不起失败的人，永远不会成功。事实上，对大学毕业生来说，失败和错误就是成长的一种形式，只要你正确面对，你就能从中奋起，走向成功。

# 第五章

不会沟通，你拿什么在职场拼

# 1. 不会沟通，即使是金子也会被埋没

在学校的时候，上课时如果老师不提问，你可以一节课都不说话，因为成绩常常是用考试分数来界定的。然而走上工作岗位之后你会发现大不一样，如果你还是不会沟通，就算你是真金也会被埋没。

职场中，一个人的沟通能力与专业技能处于同等重要的地位。走进职场，你会发现，有效的沟通是建立在人与人之间的桥梁。如果离开了领导和同事的理解和支持，一个人即使能力再强，也无法成事。

于莉莉是一家公司的业务员，曾经拿到过"业绩冠军"，但是现在她却不得不离开公司了。原因是她脾气比较暴躁，常常趾高气扬，对每个同事都爱答不理，从来不和大家沟通。卖出商品之后，从财务、库管到维修，没有一个人会给她一点儿祝贺。这种"孤家寡人"的工作环境，最后自然也影响了她的业绩。慢慢地，她变得不自信了，最后选择了离开。

当然，不光是大学毕业生会在"沟通"这个环节上"摔跟

头"，很多已经有了一定工作经验和成绩的人，也常常在这个问题上"折戟沉沙"。

孔子说："三人行，必有我师。"人和人之间充满了差异和不同，对同样一件事情的理解也往往并不一样。如果你不肯向别人学习，不主动与别人沟通，你就很难正确地认识和理解别人的行为和动机。而矛盾一旦出现，就会难以化解。

工作后，你会发现企业中成为中高层领导的人，都会向下属强调沟通的重要性。比如，当你拒绝别人的意见的时候，必须马上说明理由，而且理由越详细越具体越好。表面上看起来这样浪费了时间，但是，未来的工作却由此减少了大量的摩擦，实际上是节省了很多精力。

当然，沟通并不只是多说话，而是有一定原则的。

首先，沟通要有及时性。人的思维往往是步步加深的，如果向着一个错误的方向前进，往往就会越想越偏，矛盾就在这种偏见中越积越深，积重难返。误会和误解一旦形成，往往需要你用几倍的时间与努力去完全消除。

其次，沟通时要尽量把事情说具体。有什么样的原因，才会有什么样的结果，让对方了解你行为的具体原因，对方才会更好地理解你。

最后，沟通要有建设性。沟通时不要满嘴胡话，语气也要尽量委婉。因为你只是在表明你的看法，争取对方的同意，而不是在和对方聊家长里短。

在职场中，要学会沟通的艺术，让好口才为自己"加分"。

## 2. 闲谈莫论人非，多进行正面沟通

在背后议论别人是没有修养的体现，大学毕业生是受过高等教育的人，更应该懂得这个道理。

在一家企业里，如果你对主管的做法不满意，你可以试着和他正面沟通；实在不行，你也可以跟领导反映一下，但千万不要应付工作，在同事间说三道四。

当然，这种情况的出现不一定都是员工的错。有的企业领导在某些方面的做法确实有待考究。但是往往只有正面沟通能解决问题，在背后"嚼舌根"是没有任何意义的。

有一家小公司，员工和老板之间有很多不满，只好请来一位心理疏导专家进行一次内训。

心理专家一进车间就发现，所有员工都对他投来异样的目光，两秒钟后他们又低下头，有气无力地做着手中的工作，每个人的表情都很麻木。心理专家回头时才发现，这家公司的老板就站在自己身后。

晚上下班以后，心理专家把员工们聚集到一起，建议大家

一起做游戏。老板率先站了出来，然而员工们都聚集在场地一角，在那里交头接耳、窃窃私语。专家无奈，只好站在他们面前请求每一名员工现场发言，这时候全场一片寂静。他们相互对视，谁都不敢说话。

过了几分钟，有一名员工鼓足勇气站出来说："你能管事儿吗？对老板有意见可以说吗？"

专家当即回答："当然管事儿！今天就是让你讲出心里话，越彻底越好。"

有几个胆大些的员工说："老板太抠门，没有给我们发过奖金。""还奖金呢，老板还扣我们两个多月的工资呢！"有的说："老板太刻薄，中秋节连块月饼都不发。"还有的说："每一次跟老板要工资，老板都说：'货交不掉，手里没钱。'你知不知道这是克扣工资！我们可以去告你的……"越来越多的员工发表自己的不满情绪，你一言我一语，纷纷说出了他们郁积已久的问题。

专家转身问身边的老板："他们说的都是真的吗？"老板点点头说："是。"专家问："你能具体解释一下为什么会这样吗？"老板无奈地抬起头，一个40多岁的汉子，泪流满面，抽泣着说："不是我要扣大家的工资，不是我不给大家福利，我现在也是进退两难啊！咱做的活儿交不出去，人家不给我一分钱。要是现在给大家全部发完工资，那我就债台高筑了，你们还愿意跟着我干吗？你们要是都走了，我这家公司可就真的完了！"

老板说完，全场沉默了。心理专家说："你们之间的矛盾的根源不是钱，是缺乏相互之间的正面沟通。"于是，专家给员工们放了一部电影《首席执行官》（以"海尔砸冰箱"事件为原型拍摄的），接着又讲了他们老板的难处。最后大家都表示愿意与公司共渡难关。

不沟通就会形成恶性循环。无论是领导还是员工，都应该养成正面沟通的习惯。正面沟通，矛盾可以当面化解，问题也可以迅速解决。

工作中需要务实的精神，"有事当面说，没事别找事"。学会正面沟通是职场新人塑造自我的关键所在。

## 3. 懂得什么事能自己决定，  什么事需要请示领导

若问大学期间真正意义上的领导是谁？大家恐怕很难说上来。但是到了工作岗位就完全不同了，领导就是绝对的领导，有些事情你必须请示领导，有些事情则最好不要打扰领导。

相信新人都会遇到这种情况：有一件事情，你不敢擅自决定，就去请示领导，领导却很忙，没时间搭理你；当你自作主

张时，领导却勃然大怒，指责你为何不事前请示。这时候你会左右为难，不知所措。事实上，你初来乍到，领导也不是很熟悉你，相互之间肯定需要一个磨合的过程。你应该有足够的耐心，要懂得什么事自己可以决定，什么事需要请示领导。

陆羽在出差回公司的路上，接到老板的电话，老板让他顺路去买一部电脑手写板回来。

等买了手写板，回到公司，陆羽把手写板放在前台的桌子上，就去忙自己的工作了，他想当然地以为老板会看到。老板忙完手头的事，要用手写板，一看没有，到办公室看也没有，于是去了陆羽的办公室，看到他正在工作，就问他："出差回来怎么不汇报工作？手写板也不知道买到哪儿去了！"陆羽说："手写板放在前台了，您没看到吗？"老板一听就来气了："谁让你放前台的……"劈头盖脸就是一顿骂。

"什么事需要请示，什么事能自己决定"其实指的是你的工作空间的问题。你自己能做决定的事情越多，你就越舒服。相反，芝麻粒大小的事都要去请示领导，不仅你自己累，领导也会觉得麻烦！

怎样把握这个尺度呢？这就要看你的领导做事的范围了。一般来说，什么事在领导的日程表中优先级比较高，这种事情就需要请示；领导没时间过问的事，你就需尽可能自己决定。另一方面，领导授多大的权给你，你就管多大的事。信任，是一个逐渐培养的过程。如果你一开始非常漂亮地做了几件事，那领导对你的信任会越来越大，你能做决定的事也会越来越多。

分清了这个边界之后，还要注意请示的方式。在请示领导的时候，千万不要直接问："这个事我应该怎么做？"领导那么忙，没时间和你长篇大论，遇到脾气暴躁的领导，还会大骂"你是干什么的"。

比较恰当的方式是，多让领导做"选择题"——自己先想出几套方案，编辑好之后，说明你倾向于哪个方案以及原因，最后让领导拍板。一般来说，领导会选一个，或者问些问题后再选一个，抑或他自己再想一个方案出来。总之，老板选了一个方案，你照办就行了。这样一般就可以把事儿解决，很少会办砸。

另外，"请示"和"汇报"也是有区别的，"请示"是说明你遇到问题需要领导的批示，领导点头之后方可施行；"汇报"是说你需要说明一些事件的进展，让领导知道你工作的进展。

请示还有一个时机问题。这个就要靠自己平常的察言观色了，别"哪壶不开提哪壶"，万事做到"心中有数"。领导也是人，也会有不方便的时候。有的领导是事无巨细型的，一竿子插到底；有的领导是只问结果不问过程型的，这样你自己做决定的机会就多了。其实这两者是可以转换的，关键是看领导对你的信任有多大。你越是能让领导放心，你的决定权就越大。

作为职场新人，你应该在最短的时间内弄明白什么事情可以自己做决定，什么事情需要向领导请示。弄懂了这些，相信你就会在职场中如鱼得水。

# 4. 高效汇报的秘诀

有人可能会认为，很多事情没有必要向领导汇报。其实不然，千万不要低估了汇报的重要性。如果你不懂得积极向领导汇报，可能会给自己造成很大的麻烦。许多新人不懂职场的"潜规则"，往往在不该说话的时候随便说话，在不该做主的时候随意做主，从而损坏了公司的形象，也影响了个人的发展。

有一位客户想做一个平面广告，便打电话给一家广告公司的经理，经理恰好不在，入职不久的李玲接了电话。"麻烦你转告你们经理，我这里需要设计一个平面广告。""平面广告啊，没问题！您派人过来和我们洽谈一些具体操作事宜就可以了。"李玲爽快地说。

这位客户正准备动身来广告公司，就接到广告公司经理的电话："对不起！刚刚我有事出去了一下，您是要做平面广告吗？我们将上门服务，将您的详细需求带回来。"停了一下，这位经理又说，"可是，对不起啊，您留接电话那位女士的电话了吗？"这位客户愣了一下，说："没有啊！有什么事吗？""当然没有，我只是想知道，到底是谁自作主张麻烦客户来公司的。"尽管这位客户没有告诉经理是谁接的电话，但是经理还是查出来了，李玲最终受了处分。

初入职场，必须知道，无论你帮上司负责着多少事情，权力都在上司那儿，很多事还得由上司来做主。擅自做主的话，等待你的可能是严厉的惩罚。

职场上，对工作权限必须认识清楚，不在自己职权范围内的不要自作主张，凡事多汇报。

工作的高效汇报一直是企业沟通领域中解决得最不好的环节之一，这也直接影响到企业各项决策的执行进度。

为什么有些人不善于汇报呢？最常见的心态是怕见领导。新人往往都会经过这样一个时期：刚刚踏上工作岗位，"脸皮薄"，总是想方设法地躲着领导走；进了领导办公室，往往会紧张得说不出话。事实上，领导与下属的关系可以比作人的头脑与双手之间的关系。如果大脑与双手之间的关系变得冷淡，那还有什么效率可言？

有些新人认为自己的工作没那么重要，领导又很忙，去麻烦领导很不好意思。这种心态是错误的。领导忙，但你可以提高汇报的效率。领导对你的工作可能知道，但是否从你这里再把信息确认一番对领导的意义是不一样的。事实上，许多领导都喜欢把听到的东西落实一下。

郑州一家企业组织去洛阳参加牡丹节，老板把现场组织工作委托给大学时学主持的王魁。结果到报销这次活动的票据时，老板发现许多项目的支出与以前签订的合同不一致，租车费用提高了 150 元，还另支了一笔 100 元的司机加班费，最令人不能理解的是竟然还有一笔门票税费。

老板把王魁找来，王魁向老板解释各项费用的开支理由，说前两笔开支是由于租车公司对实际距离估计不足以后调加的，门票税费是因为接待企业员工的度假村提供了额外服务而支付的报酬。老板全程参加了这次活动，但是王魁却从来没跟老板商量过，为了长自己的"面子"而损害了企业的利益。老板勒令王魁补齐所有额外支付的费用，并扣了他这个月的奖金。

过了没多久，公司又组织员工到外地培训，周日安排一次野外活动，老板也参与其中。老板在活动完毕后，安排王魁组织大家回下榻的宾馆休息，并交代王魁不要在宾馆内安排其他娱乐活动。

结果晚饭后有些新来的员工要求参加娱乐活动，王魁为了显示自己在公司的影响和地位，答应公款给他们买单。后来在报销费用的时候又被老板发现了，激怒了老板，老板二话没说，直接让王魁走人了。

一个在职场取得成功的人必然是一个善于汇报工作的人，而懂得高效汇报的人，在老板的心目中往往是升职的不二人选。所以，在职场中，一定要懂汇报，会汇报，做到高效汇报。

# 5. 让老板做"选择题"，而不是"问答题"

　　在学校的时候，老师都会强调要勤学好问，但是到了职场之后，你有没有发现有些时候你的问题会让领导很不耐烦？

　　"这个设备运转不畅，我不太懂，您看怎么修理？"

　　"这件事情我没做过，您看我该怎么做？"

　　"客户打电话说，让我们把这个方案修改一下，您看怎么弄？"

　　"电视台要我们自己定广告侧重面，您看往哪个方面宣传比较好？具体怎么宣传？"

　　……

　　上面这些问题，看起来都没有错，而且语气很委婉，但这些问法又错了，因为你在让领导做"问答题"。在日常工作中，有些人遇到问题、接到任务时，不是自己想办法解决，而是先向领导汇报，让领导来解决，这就是让领导做"问答题"。而有些人则常常先自己思考一番，然后带着自己拟定好的多个解决方案去让领导拍板，这就是让领导做"选择题"。如果你是领导，你愿意做"问答题"，还是做"选择题"？

刚入职的大学毕业生，必须调整思维方式，转变工作方式。不要一遇到问题先往领导身上推，自己落得清闲；也不要不思考解决问题的办法，就直接报给领导，给领导出难题；同时，也不要尽管拿了几套计划和方案，但是都是不靠谱的，没有自己的想法和挑选就报给领导，让领导做选项过多的"选择题"。要尽快从这些不良习惯过渡到思路清晰、措施明确上来，这样才能进一步提升自己。

要避免给领导出"问答题"和没有参考价值的"选择题"，一方面要提高自己各方面的能力，另一方面要勇于为领导分忧解难，自己遇事多思考。

解决问题时，你可以多运用逆向思维，多进行换位思考。在考虑解决问题的方案时，应该多站在领导的立场上思考问题。

"这个设备运转不畅，我们集体研究发现是某某部位的一个进口零件坏了。同时经过考察，从国外买来要 200 多美元，国内也有同类的产品，价格并不是很贵，一般在 300~500 元人民币，质量还算可以。我建议用国内的零件替代进口的。您觉得如何?"

"这件事情我问了几个老同事，拿了一个计划和方案，您现在有时间看一下吗?"

"客户打电话来要我们的修改方案，我已经根据我们的情况进行了总结和分析，这是我和同事们做的两套修改方案，还有详细的说明附在后面，您看还有什么要修改的吗?"

"电视台要我们自己定广告侧重面，结合近阶段的几个宣传重点，我大致归纳了一下，想从以下几个方面做宣传……您看可以吗?"

……

这样的员工哪位领导会不喜欢呢? 就像交朋友一样，你如果能多站在别人的角度思考问题，自然能赢得友谊。多让领导做"选择题"，既节省了领导的时间，也提高了自己的能力，何乐而不为。

## 6. 薪水是"挣来"的，也是"谈来"的

毕业参加工作在很大程度上是为了挣钱，加薪是每个人的梦想。但对于工作没多久的大学毕业生而言，加薪似乎是一个可望而不可即的梦。因为成功则已，不成功就要面临"跳槽"的危机。但年轻的你如果不敢挑战自我，就必定会输在起跑线上。

不少人都认为老板不给自己加薪是故意的，要不怎么自己工作那么拼命、加班那么积极、办事那么麻利，他就是看不见呢？有这样想法的人请注意，你必须要知道一点，最关注个人功劳的是你自己，正因为过分在意，所以你才会觉得它那么明显。而老板需要关注的事情很多，他怎么可能仅仅把目光落在你的功劳上？你需要做的是"把功劳给摆出来"，这样他才能看得更加真切、更加清楚。

事实上，老板开公司也是为了赚钱，人有私心是难免的，即便他觉得该给你加薪了，但由于你没有主动提，他也许就顺理成章地认为你对目前的待遇很满意，"故意"马虎一下，这也是正常的心理。如果此时你主动要求加薪，没准老板会很爽

快地答应呢？

杜峰是个性格比较内向的工程师，平时很少说话，更不懂得如何跟上司打交道。他是公司里的技术骨干，可在他自己看来，自己每月领到的薪水远远配不上"骨干"这个水平。杜峰想过要求加薪，但不好意思开口；也想过辞职走人，但又觉得太草率，毕竟上司对他的态度是很不错的。妻子也不同意他辞职，并自告奋勇地要帮他去找上司谈。杜峰觉得让妻子出面有些丢人，于是咬咬牙，决定还是自己去！

经过一番准备和预演，杜峰怀着忐忑的心情找到了上司，说："我的妻子希望我能为家里多赚点钱。但我不知道怎样才能多赚一点，您能告诉我该怎么做吗？"上司笑了："小杜呀，公司对你的工作非常满意，目前也正在考虑给你加薪的问题，回去告诉你媳妇，别担心！"

杜峰没想到自己的要求能被上司认可，喜出望外。没过不久，上司将他的薪水提高了40%，超出了他本人的预期。

你必须明白，向老板要求加薪并不丢人，而是员工为争取正当权益所采取的合理行为。如果老板因此感到不满的话，那只能归结为他过于陈旧的观念；如果老板因此炒了你鱿鱼，那你正好借此离开一个不值得追随的领导。总之，要将你心中的障碍彻底清除，然后才能理直气壮地跟老板谈加薪。

当然，这种"踢皮球法"不一定每次都能见效，假如遇到老板心情不爽，他兴许会把"皮球"踢回来，"那你觉得加多少合适？"所以为了防患于未然，你应该多准备几招，根据不同的情况采取相应的措施，这样才能达到自己的目的。

假如你没有准备就去提加薪，那么一定会被老板问得哑口无言。所以在这之前，你一定要尽可能地保留一些"证据"，用具体数字来证明自己为公司创造的效益。比如：曾经谈成了哪些项目，这些项目给公司带来的利润是多少，为公司缩减的成本又是多少，等等。

这里要切记一点：除非你已经找到了更好的出路，否则千万不要用辞职来威胁老板。

其实不管出于什么原因，也无论你用什么方法，目的都是把要求加薪的信息透露给老板。万一老板认为你暂时还未达到加薪的标准，或者因为公司目前的财务状况，短期内没有加薪的能力，你也不要失望，更不要自暴自弃。毕竟你还年轻，有的是时间和机遇。

## 7. 学会倾听

听，是每个人每时每刻都在做的事。想说必须先学会听，没有"耳才"就谈不上"口才"。要想在职场中取得成功，就必须学会倾听。

倾听是搞好人际关系的前提。俗话说："人有两只耳朵一张嘴，就是为了少说多听。"不重视、不善于倾听的人一定不善于交流。交流顺畅和有效的前提就是用心倾听对方的谈话。不管你的口才有多好，你的话有多精彩，如果没有人倾听，你还有说下去的必要吗？

俗话说："会说的不如会听的。"也就是说，只有会听，才能更好地了解对方，促成有效的交流，尤其是和比自己强的人交谈，例如领导，更要多听、会听。所谓"听君一席话，胜读十年书"，说的正是这个道理。

假如你在倾听的时候，不发表一句话，对方会认为你对谈话一点儿兴趣都没有，或者你不在乎他，这样会使对方觉得尴尬、扫兴，不愿再跟你交谈下去。到底多说好，还是少说好呢？这需要由交谈的内容来定。如果你的话勾起了对方的兴

毕业三年，决定你一生的财富

趣，当然可以多说；倘若你的话没有什么实质内容和作用，尽量认真地听着就好。即使你对某个话题颇有兴趣和见解，也要多察言观色，不要打断对方，因为那样会招致对方的厌烦，甚至破坏整个谈话的气氛。

听别人说话也有诀窍。当别人讲话时，不能目光游离、心不在焉，给人一种轻视说话者的感觉，让对方觉得你根本就没把他放在眼里，这样肯定会妨碍正常有效的交流。当然，也不能盯着对方不放，而应适当地注视和经常示意。

越是善于倾听他人意见的人，人际关系就越理想。这是因为，倾听是褒奖对方谈话的一种方式。

倾听是人与人进行心灵沟通的过程，专注认真地倾听别人谈话，向对方表示你的友善和兴趣，有助于消除对方对你的戒备心理，增加信任度。

在谈话过程中，你若开心地倾听对方谈话，能使对方感到自己的自尊得到了满，就能缩短两人心灵之间的距离，慢慢地，两人也就能成为好友。

当然，如果确实是自己不感兴趣的事，谁都会觉得无聊，所以耐心倾听他人的谈话是很讲究方法的一件事。

不管你是不是专心在倾听，都一定要与说话人交流目光，让你的眼神和表情表示出你用心、认真的态度。一定要经常注视对方，但不要自始至终地盯着他看。适当地发出"哦""嗯，确实"等应答声，表示自己在注意倾听，让对方继续讲下去。即便你感到不耐烦，也不要急于插话，否定或打断对方。你可以等对方的话告一段落时，再暗示他一下。

与人交流时，身心要处于放松状态，全神贯注，而把自己同样的喜怒哀乐表现到脸上。否则，对方情绪低落，你却面带微笑，对方肯定以为你在嘲笑他。

当对方讲到要点时，要点头表示赞同，让对方知道你在赞许他，对方就会兴致很高地讲下去。有时还可以主动要求对方谈详细一些，或要求补充说明，这就说明你听得很仔细，而且你在思考。

除了上面的技巧外，你还可以通过一些简短的插话和提问暗示你确实对对方的谈话感兴趣，或把对方的谈话引导到你感兴趣的地方去。

刚入职场的大学毕业生，想做一个善于沟通、深得人心的人，就必须培养自己注意倾听和善于倾听的好习惯。

# 第·六章

职场交往重·礼仪

# 1. 接待客人，如何奉茶才有礼

接待客人，茶水先行。客人坐下后，一般应奉上一杯热茶。但为客人奉茶，也不是那么简单的。倒茶的动作不仅体现了你的教养，同时也体现了礼貌待客的一种态度。

朱霞毕业后在一家公司当秘书。有一次，公司接待几位很重要的客人，经理一再吩咐不能怠慢，公司下半年的利润就靠这几个人了。所以，朱霞非常慎重，准备了极品铁观音招待客人。在上茶之前，经理想起来以往都是用一次性杯子，于是暗暗给朱霞使眼色，意思是让她不要用一次性杯子泡茶。

可惜朱霞没有领会经理的意思，还是拿出一次性杯子为客人泡茶。经理见无法挽回了，只好对客人嘘寒问暖，引开客人的注意力。好在客人不是很挑剔，没有在意。最后虽然合同如愿签订了，但经理对朱霞的表现十分不满。

用一次性杯子招待客人喝茶是不礼貌的，如果对方是非常重要的客人，这更是对客人的怠慢。

敬茶看似简单，其实学问很大。敬茶除了杯子有讲究外，还要注意客人的嗜好、茶具的清洁、敬茶的方法、上茶的规矩、续水的时机等几个要点。

一、了解客人的嗜好

倒茶之前最好询问一下客人，是喝绿茶还是红茶？龙井还是毛尖？每个人的喜好不同，如果你能提前询问一下，不但能体现出你对对方的尊重，还会避免尴尬局面的出现。在以茶待客时，应尽量依照客人的爱好奉茶。最好多备几种茶叶，满足每位客人的需要，也尽到自己的地主之谊。

从健康的角度考虑，太过浓郁的茶对身体不好，尤其是老年人。所以，在客人没有特殊要求的情况下，所上的茶水不应过浓。

二、茶具要清洁

如果你的茶具上面都是污渍、灰尘，就拿来给客人倒茶，是不礼貌的。客人看到了茶壶、茶杯上污迹斑斑，谁还愿意喝你的茶呢？因此，茶具要注意清洁。

三、敬茶有讲究

敬茶时应从客人的右后侧双手将茶杯递到客人面前，尽量避免从客人的正前方上茶，这样是不礼貌的表现。切勿将手指搭在茶杯杯口上，或是将其浸入茶水中，这些动作会让客人认为自己不被尊重。上茶的同时应轻声附上一句："请您用茶。"

如果在上茶的时候客人正在聊天或者有事在忙，应先道一句"对不起"，再送上一句"请您用茶"。当客人有所回应时，根据客人的反应，要么将茶送到客人手中，要么放到客人右手边的茶桌上。

四、上茶有规矩

给家中的访客上茶，用茶盘端出的茶色要均匀，并用左手捧着茶盘底部，右手扶茶盘的边缘。如有茶点心，应放在客人的右前方，茶杯应摆在点心右边。上茶时应以右手端茶，从客人的右方奉上，并面带微笑，眼睛注视对方。

如果是在工作单位待客，应由秘书、接待人员为客人上茶。接待重要的客人时，则应由本单位在场的职位最高者亲自为之上茶，以表重视。上茶也有规矩可以循的，以先客后主、先长后幼、女士优先的顺序依次奉茶。如果客人人数比较多，那么采取以进入客厅之门为起点，按顺时针方向依次上茶的方式最为妥当。

五、续水时间把握好

为客人勤斟茶、勤续水是以茶待客的完整礼仪。在客人喝过几口茶后，就应该立刻为之续上，绝不要让其杯中茶叶见底。关于这一点，有这么句俗话："茶水不尽，慢慢饮来，慢慢叙。"

倒茶时应注意，茶水不要太满，以七分满为宜。水温不宜太烫，以免客人不小心被烫伤。

以咖啡或红茶待客时，杯耳和茶匙的握柄要朝着客人的右边。此外，要替每位客人准备一包砂糖和奶精，将其放在杯子旁或小碟上，方便客人自行取用。

壶中茶叶可反复浸泡 3~4 次，客人杯中茶饮尽，可为其续茶，客人散去后，方可收茶。

当今社会，客来敬茶已经成为人们日常社交的往来礼仪。奉茶是待客的一种日常礼节，也是社会交往的一项内容，不仅是对客人、朋友的尊重，也能体现出自己的修养。

## 2. 除非自助餐，座次讲究尊卑有序

对于餐座的安排，中国历来讲求尊卑有序。不管是客方还是主方，大凡参宴赴约，落座前都必须讲究一定的礼仪和次序，这样方才体现出对双方的尊重。

除了自助餐、茶话会等外，在一般的宴会中，邀请方应该合理安排客人的席次，不能让大家随便坐，以免引起来客之间的误会和不满。讲究一定的座次顺序，不仅是主人的待客之道，还是一种对待客人的礼节问题。

中餐宴请活动，可以分为桌次排列和位次排列两方面。而桌次的排列又可以分为两种情况：

第一，两桌式小型宴请。针对这种情况，又分为横排和竖排两种形式。当两桌横排时，桌次以右为尊，以左为卑。这里

所说的右和左，是由面对正门的位置来确定的。当两桌竖排时，桌次讲究以远为上，以近为下，这里所讲的远近，是以距离正门的远近而言。

第二，三桌或以上的宴请。安排这种具备"排场"的宴请时，除了最基本的"面门定位，以右为尊，以远为上"等规则外，还应该兼顾一下每桌和主桌之间的远近。通常情况下，客桌离主桌越近，桌次越高；距离主桌越远，桌次越低。

另外，除了桌宴的大小布局外，我们还应该注意到桌形的安排：如果是圆桌，则正对大门的为主客，然后依照以右为尊的形式，客人依次在主人的身旁按顺序坐下，最后直至汇合。如果是方桌，在有正对大门的座位的情况下，则正对大门一侧的右位为主客。如果不正对大门，则面朝东的一侧右席为首席，直至汇合。

另外，在宴请时，每张餐桌上的具体位次也有主次尊卑的分别。排列位次的基本方法有四种，它们往往会同时发挥作用。

方法一：通常情况下，主人应该面对正门而坐，并在主桌就座。

方法二：在举行多桌宴请时，每桌都要有一位主桌主人的代表在座，算是陪客。位置一般和主桌主人同向，有时也可以面向主桌主人。

方法三：各桌位次的尊卑，应根据距离主人所在的桌子的远近而定，以近为上，以远为下。

方法四：当各桌距离主人所在的桌子远近相同时，讲究以右为尊，即以该桌主人面向为准，右为尊，左为卑。

另外，每张餐桌上所安排的用餐人数应限制在 10 人以内，最好是双数。比如，六人、八人、十人。如果人数过多，显得拥挤，不利于用餐的顺利进行。

根据上面四个位次的排列方法，圆桌位次的具体排列可以分为两种情况，它们都和主位有关。

第一种情况：每桌一个主位的排列方法。特点是每桌只有一位主人，主宾在右首就座，每桌只有一个谈话中心。

第二种情况：每桌两个主位的排列方法。特点是主人夫妇在同一桌就座，以男主人为第一主人，女主人为第二主人，主宾和主宾夫人分别在男女主人右侧就座。每桌在客观上形成了两个谈话中心。

如果主宾身份高于主人，为表示尊重，也可将主宾安排在主人位子上坐，而主人坐在主宾的位子上。

为了便于来宾找准自己的位次就座，招待人员、主人不但要及时加以引导指示，还应在每位来宾应该坐的位子上放上来宾的姓名卡。

如果宴请不是那么正式，位次的排列可以遵循以下三个原则：

原则一：右高左低。两人并排而坐，通常以右为上座，以左为下座。

原则二：中座为尊。三人并排而坐，坐在中间的人在位次上高于两侧的人。

原则三：面门为上。用餐的时候，按照礼仪惯例，面对正门而坐的座位是上座，背对正门者是下座。

当然也有一些特殊情况，例如：

在高档餐厅里，室内外往往有优美的景致或高雅的演出，供用餐者欣赏。这时候，哪个座位观赏角度最好，哪个座位就是上座。在某些中低档餐馆用餐时，通常以靠墙的位置为上座，靠过道的位置为下座。

总之，在安排座次时要注意尊卑有序。虽然这种规范已经在实际应用中随着时代的推移、场合和目的的不同而有所变化，但是这种礼仪在人际交往中还是非常重要的。


# 3. 介绍他人时需注意


上学的时候，在班会上会有自我介绍；参加工作之后，有些公司会要求新同事做自我介绍。但是生活中的社交场合，往往要求第三人介绍。事实上，介绍别人也是一门学问。

介绍是人们在社会活动中相互认识的一种常见的形式。环顾周围，你所认识的人通常都是通过他人的介绍认识的，很多时候你也会充当介绍人的角色。比如，带着自己的恋人回家见父母，带一个朋友去参加另一个朋友"圈子"的聚会，这时候都需要你来为其做介绍。

介绍是社交的一项重要内容，介绍也有相应的礼仪，人只有掌握这些礼仪才不至于在介绍的时候犯错。

第一，介绍他人之前，一定要征求一下被介绍者的意见。在某种场合下，虽然看起来需要你介绍，但是你也不能急着介绍。在介绍之前，一定要询问被介绍者的意愿，他们并不一定不愿意被介绍，只是给被介绍双方打个招呼，让他们有一个准备。如果你不询问他们的意见，开口就进行介绍，会让双方措手不及，显得唐突。

第二，为他人做介绍时必须遵守"尊者优先"的规则。比如，你邀请很多人参加聚会，但是这些人并不全都互相认识，这个时候，作为主人，你就要一一介绍了。在介绍的时候，要注意次序。如果有地位上的差别，那就把地位低的人介绍给地位高的人；如果在场客人地位相当，那就把年轻的介绍给年长的；如果双方年龄、职务相当，则把男士介绍给女士。

第三，注意使用尊称。无论你与被介绍者的关系如何，都必须使用尊称，因为这是社交场合，是把一个人介绍给另外一个人，必须体现出对双方的尊重。"先生"是对男性的尊称，"女士"是对女性的尊称（已婚女子也可称"夫人"）。适当的时候你可以不用这些尊称，直接用他们的"头衔"，这需要详细地了解每一个人的信息。

李卓在家里办了一个小型的聚会，把自己的朋友都请了过来。这些朋友中，有的是互相认识的，有的是不认识的，李卓要充当介绍人的角色。李卓认为这些人都是自己的好朋友，没有什么好计较的，于是在介绍的时候，他这样说："这是我的发小李大为，这是我的高中同学孔令超……"他的介绍既没有使用尊称，也没有说明对方的头衔，根本不足以给被介绍的双方留下印象。

第四，在介绍多人的时候，一定要注意先介绍地位高的人。比如，在公司宴会上，你需要把己方的一些重要人物向对方介绍，就需要先从地位最高的董事长开始介绍，然后依次是总经理、部门经理、主管等。这个顺序千万不能弄错。

作为职场新人，应该更好地把握住每一次机会，在为他人做介绍的时候要注意礼节和禁忌，既要把大家都介绍得高高兴兴、明明白白，又不能因为夸大其词而说错话。

## 4. 中途离席有讲究

大学时几个朋友一起吃饭，如果有什么急事，你可能站起来说一声就走了。但是在正式的社交场合，这样做是很不礼貌的。

如果宴会时间较长，而你又确实有事，自然无法坚持到底。但中途离席不可随意，不能过分随意地逛几圈，和初识的人相互介绍完后就走人，或者是与认识的人打了个照面，与熟悉的人喝了几杯酒后就开溜，即使是非常急的事，也应该注意宴会上的礼节。

刚刚大学毕业的宋梅梅一次去参加一个同事的婚礼。婚礼刚刚开始，她的手机响了，她就离开座位去接电话了。婚礼举行完毕，酒席开始，新娘新郎来敬酒，她还没回来，直到酒宴结束，她也没露面。后来大家才知道，她家里临时有事，就提前走了。同事们都说："那也应该打个招呼再走呀。"

悄无声息地离开实在是太失礼了。中途离席，是有一些技巧和讲究的。

当然，离席也不只是指中途离开不再回来。有时候，你需要去一趟卫生间，或者接个电话，稍微离开一会儿也属于离席。这时候也不能自顾自地站起来就走，一定要注意跟别人打声招呼，请大家继续用餐不要等待，而且必须快去快回，以免耽误整桌人吃饭。

中途离席，起身时千万不要碰倒桌上的物品。若是碰翻了盘碗，弄洒了汤水，可能会弄得场面狼藉不堪，尴尬至极。

离席时餐巾的摆放也很重要，不要弄得皱巴巴的，胡乱丢在自己面前的桌子上，这样会使人感到凌乱、不舒服。应将餐巾折叠好放在餐桌上或搭在椅背上。

在宴会正热闹的时候，不必和谈话圈里的每一个人一一告别，只要悄悄地和身边的两三个人打个招呼，然后离去便可。

离开的时机要选择好。假如你已经参加宴会，那么，再着急离开通常也要在"酒过三巡，菜过五味"以后，千万不要刚吃了一口菜你就要走，这会让主人觉得你很不懂规矩。

为了更妥当地离席，你可以在宴会主人邀请你的时候，就事先说明需要提前离开的理由，并说明你大约可以逗留的时间，以便主人做到心中有数。如果你事先已经和主人说明过需要提前离开的原因，那么，离开时就没有必要再向主人说明了。

千万别问其他人是否需要和你一起提前离开，你的这种做法很有可能把很多客人都带跑了，让原本热热闹闹的场面因你的离开而提前散场。

如果主人执意要送你到门口，你应该和主人尽快握手后道别。不要拉着主人在大门口聊个没完。因为主人不止你这一个客人，肯定还有很多客人要招待，还有很多事情要做，如果你拉着他说个没完，难免会让他在其他客人面前失礼。

总之，参加餐宴，最好不要提早离席，若真有要事在身必须离开，一定要做到礼数周到，避免出现不愉快。

## 5. 逐客令怎么下，才不致陷入尴尬

一般来说，别人来家里参加聚会是件好事，可以交流思想，增进友谊。然而，在现实生活中，也有不得不下逐客令的时候。

客人到自己家里吃饭吃到很晚，本来该散席了，但可能有些客人越说越起劲儿，完全没有要走的意思。你想下逐客令却又怕伤感情，怕得罪人。但是，如果这样耗下去，你的时间就会被无情地浪费掉。面对这种情况，该怎么办呢？

最好的方法是运用高超的语言技巧，巧妙恰当地下逐客令，做到既不伤害对方的自尊心，又能让其知趣而去。

下逐客令时，语言要委婉。你可以这么说："今晚我要是没事，咱们可以畅谈一番啊，不过今天我就要开始全力以赴地写职评小结了，争取这次能评上优秀教师。改天一定陪你好好聊聊。"这句话的含义就是：你该走了，改天再来吧。你还可以说："最近老婆的身体不太好，吃过晚饭就想睡觉，我连大声说话都不敢了。"这句话其实在传播一个十分明确的信息：你的声音太大，影响我老婆休息，你最好还是先走吧。

无论你说什么，一定不要露出冷若冰霜的表情，而应用你的"热情"让客人知趣而退。实际上，过分热情是一种很好的拒绝方法。以热代冷，不容易失礼，又能达到逐客的目的。

另外，逐客时还可以采取以攻代守、先发制人的方式。比如，可以说："要不我到你家去，咱俩接着聊？"或者建议你俩一起到一个他不熟悉或不愿意去的同事家去。这样对方会领会到你不想聊了，自己也就不好意思再聊下去了。

下逐客令是件不太容易的事，也是迫不得已的事，但有的时候还是需要下的。不过，即使你是在"赶"别人走，也应努力以一种平静而庄重的方式让对方有"台阶"下。这样你才不会遭到非议，也才能保持住得来不易的"人脉"。

## 6. 出差或者外出旅游，带礼物需谨慎

人们常说："有礼走遍天下。"作为职场新人的大学毕业生，无论是出差还是利用假期外出游玩，很多都要寻思这一问题：要不要给同事和领导带点儿礼物？带了礼物，要如何派发才不得罪人呢？这是一件让人颇为头疼的事情。

王依依最近因为业务需要要去北京出一趟差，这时候她的上司说自己去北京的时候曾经看中了某一品牌的衣服，但没有自己的号码，因此让王依依在北京逛街的时候帮自己顺便看一下，如果有的话就帮自己买一件。

因此，王依依在办完事情后立即就开始找上司要的那件衣服。最后，跑了两个大商场，她终于找到了。从北京回来后，王依依把衣服拎到了上司的办公室。上司并没有直接给她现金，而是说转账到银行卡里给她。

但谁知就是这一帮忙，被办公室里的同事们找到了八卦的事件。有同事半是嗔怪地对王依依说："依依，你去一趟首都也不知道给大家带些礼物回来。"王依依只好赔笑说："北京又

不是什么很远的地方。"这时候同事接过话说："那给领导带份礼物也是应该的……"

话越来越不对味，王依依这才明白，大家肯定是以为自己早上拿给上司的那件衣服是自己送的礼，这让王依依大为头痛。她思索了良久，然后找了一个同事都在的时间，故意低声打了一个电话。"王经理啊，"话刚出口，办公室就立马安静了下来，王依依继续说道，"早上给你的那个卡号我记错了，买衣服的899元，我等下重新发卡号给你吧……"

当王依依确认那些爱管闲事的同事们把自己刚才的话一字不漏地听到了时，她才放心地挂了电话，在心里不禁感慨："出差带礼物不是一件容易的事情啊！"

尽管出差回来给同事和领导带一点儿礼物，能够带来不少积极效应，也是联络办公室感情的良好途径，但是，礼物带回来后，如何赠送，是一项很重要的能力。

出差在外，给同事和领导买礼物并不是一项简单的任务。毫无疑问，赠送给同事们一份实用的薄礼是最理想的选择。需要谨记的是，如果带了礼物，那么就要给所有人都带一份，如果不带，那么最好都不要带。因为既然无法赠送全体同事，那么在购买礼物时，你就应该考虑到未收到礼物者的感受。尽管礼物只是一个形式，但比起收到礼物者的高兴，未获得礼物者的反感会更加强烈，甚至会在其他同事心中埋下一个导火索，对自己的人际关系产生影响。

尽管大多数人总是无法避免以上司为中心赠送礼物，但对上司而言，部下在出差过程中获得的成果远比礼物重要。所以更多的时候，你不妨将礼物赠送给平时无出差机会的同事。比方说，尽管和这次出差相关，却未被当作计划小组成员的同事们。

做好打算，你的"礼物"才能送到实处，发挥最大的效应，为你赢得良好的人际关系。

# 7. 拒绝是一门艺术

如果别人对你有什么要求时，你都能笑口常开地说"好"，那肯定是再好不过的事情。可是你的能力毕竟有限，尤其是对方的请求确实超出了你的能力范围时，你就不要再强求自己了，该拒绝的时候要懂得拒绝。

拒绝是一种艺术，婉转地拒绝可以最大限度地保护情谊。下面为大家提供几点建议，在你拒绝别人的要求时可以作为参考。

第一，拒绝不要立刻，语气尽量委婉

即便你十分想推辞，也不要做出非常快的决断，这样对方会认为你根本就不想帮助他，你还会被误认为冷漠无情。当别人向你提出要求时，如果你都不给予对方时间说明请求的理由和动机，那么只会显得你没有礼貌。试着去倾听对方的要求和苦衷，然后再以婉转的真心实意的态度说明自己拒绝的原因，这样即便别人遭到了拒绝，也会感动于你的诚恳。

第二，拒绝别太轻易，转变拒绝的方法

当别人在向你求助的时候，其实对方心里也是有几分为难的，毕竟很少有人愿意向别人开口求助。或许你的确在某方面帮不了对方，但是你可以选择用另外一个可以替代的方法来帮助他。比如，虽然帮助的目的达不到，但是你可以尽自己最大的努力为他提供他达到目的所需要的条件。如此一来，你虽然拒绝了他原来的要求，他还是会感谢你。

第三，拒绝不要无情，要有智慧地拒绝

当你拒绝别人的要求时，一定不要面部僵硬难看，表现得非常不耐烦。这种表情只会让对方认为你讨厌和他相处，而且对他提出的请求很厌恶。这样的气氛会让彼此难堪，关系迅速冷却，甚至反目成仇。拒绝对方时，你一定要有智慧地拒绝，并设身处地为对方设想。

第四，拒绝时不要发怒，要有笑容地拒绝

在盛怒之下拒绝别人的请求，常会因"口不择言"而伤害对方，也会让别人对你产生没有同情心的印象。在拒绝的时候，面带微笑，并且态度保持庄重，这样能使对方感到你对他的尊重与礼貌。如此一来，即使被你拒绝，对方也会欣然接受。

拒绝的话根本不难说，只要你掌握了拒绝的艺术。

第七章

进入了社会，
宜方也宜圆

# 1. 善待每一个人，即使你不喜欢他

J.E.丁格说过："有三个人是我的朋友：爱我的人、恨我的人，以及对我冷漠的人。爱我的人教我温柔，恨我的人教我谨慎，对我冷漠的人教我自立。"

大学毕业生最缺的是自己的关系网络，也就是社交"人脉"。一个人要想有所成就，必须具备一定的"人脉"。但并不是任何一个职场新人，刚入职就具备有利于发展的人际关系网络。要想尽快确定自己理想的人生轨道，你就必须有一个属于自己的人际关系网。

很多人交朋友一般都是选择志同道合、素质相近的人，而把那些人生观、价值观、道德观与自己不同的人排除在外。事实上，这样做并不正确，不利于自己的长远发展。

社会是由人构成的，人要想生存和发展，就不可避免地要和其他人打交道；而要想获得事业上更大的成功，就应尝试与各种各样的人打交道。

"人脉如网，事业如鱼。"只有拥有密集的网眼、结实的网线、足够大的网面，才能打捞到事业上的大鱼。刚刚走出校门的毕业生，往往需要自己去编织属于自己的"网"，造出最结实的"网线"，尽可能地把自己的"网面"扩大，然后利用这张"网"，去打捞自己想要的"大鱼"。

虽然大学毕业生的受教育程度都差不多，但每一个人都有不同的家庭背景和成长环境，都有自己的做人原则和处世态度，也有自己的交际圈。你要想把网编得更大，就得先学会和各行各业中不同性格的人交往，不能因为背景和处世态度的不同而将其拒于千里之外。

一个人要想有所成就，学会和自己并不喜欢的人和平相处很重要。和自己并不喜欢的人和平相处，往往能减少自己的"敌人"，从对方身上学到自己需要的经验。

在人际交往中，免不了要与自己并不喜欢的人打交道，在此过程中，要学会与其和平相处的艺术。善待每一个人，努力编织自己的人际关系网，争取更大的成功。

## 2. 我不同意你的观点，但我捍卫你说话的权利

李开复读博士时选择的研究方向是"语音识别"。他的导师罗迪教授认为用专家统计的方法来研究语音识别比较好，于是李开复开始在这个领域做研究。他发现用语音识别这个方法可以获得特定语者95%的语音识别率。于是他发表了一篇论文，写的是自己的研究过程。而论文一经发表，即收到了很正面的回馈。

后来，李开复的研究方向和罗迪教授有了分歧，李开复发现专家系统有很大的局限性，无法做不特定语者的语音识别。于是他想自己创造一种新的研究方法去实现，当他把想法告诉罗迪教授时，罗迪教授表示不同意李开复的观点，但是并没有阻止和批评李开复，而且从人力和技术上给予他支持。

罗迪教授说："我不同意你的想法，但是我支持你。"李开复听后备受感动，他也深深地记住了这种做人做事的方法——每个人都可以不同意别人的观点，也许是因为每个人站的角度不同，不要急着反对，就算你觉得他是错的，还是应该尊重他说话的权利。

在职场中同样如此。长时间的工作过程中，每个人的想法都不一样。人都有这样一种本能：当看到别人以一种和自己的想法不一样的方式工作的时候，一般会认为别人是错误的。但是千万别当面向别人指出来，除非他犯了很严重的错误，或者从根本上影响到了你个人的重要利益，否则，不要试图改变什么。因为由此引发的辩论甚至是争论只会让大家很不愉快，而且对方也不会因为这些不愉快改变自己的做法。

处理这些矛盾和分歧的时候，一定要注意方法，并有一颗宽容的心，以免将矛盾激化。尤其是在公共场所，如果你表现出盛气凌人的样子，只会让事情变得更糟糕，还有损自己的声誉。即使你理由充分，也要懂得给别人留余地、留"面子"，否则别人都会在心中对你产生敌意，敬而远之。

如果你想在职场走得更远，就要学会给别人说话的空间和权利。

# 3. 不要当众纠正他人的错误

每个人都知道，当众纠正别人的错误往往会使得双方陷入尴尬的境地，但是职场中还是会有一些人忍不住这么做。

职场是公共场合，是讲究给别人留"面子"的地方，如果你当众纠正别人的错误，不仅不会取得预期的效果，反而可能适得其反，影响双方的关系，也使自己变得难堪。

通用电器公司曾面临一项需要慎重处理的工作：免除史坦恩兹的职务。史坦恩兹担任某一部门的主管很多年，在电器方面是无人能及的天才，但他作为领导却是个彻底的失败者。然而公司还需要他的技术，他又十分敏感，一旦知道自己的领导才能被否定，他很有可能离开。

最后，大家想到了一个好办法，他们给了史坦恩兹一个新的头衔，让他担任"通用电器公司顾问工程师"，但其实就是做技术活。结果史坦恩兹十分高兴地接受了。

如果被当众指出错误，有些人会产生极端的报复心理。而采用委婉的方式指出，既可以减少对别人的伤害，也可以保全自己的"人脉"。

查尔斯·史考伯有一次经过他的一家钢铁厂时，看到几个工人正在抽烟。而事实上，在他们旁边的一块警示牌上就写着"禁止吸烟"。如果换作其他人，可能会指着那块牌子说："你们不认识字吗？"但是善于交际和管理的史考伯没有那么做。

史考伯朝那些工人走过去，并递给每人一根雪茄，说："诸位，如果你们能到外面去抽烟，我每天都愿意给你们雪茄抽。"那几个工人立刻知道自己违反了规定，并向史考伯道了歉。

有时候指出别人的错误不需要说话，一个眼神、一个动作就足以让他明白自己的错误，并自觉地改正错误。

杰森是全校最顽皮的"坏男孩"之一，几乎所有教过他的老师都向校长抱怨过。他虽然成绩中等偏上，但却总是欺负低年级的同学，扯女生的辫子，对老师无礼，上课睡觉，等等，而且没有丝毫悔改之意。

校长罗恩太太决定见见这个"坏男孩"。当她见到杰森时，她却说："杰森，你穿的衣服很漂亮，我听说你画画很不错，我知道你是个天生的领导人才，你能帮我把这个班变成最好的一个班吗？"杰森听了，非常高兴，于是他努力让班里变得安静，而且他真的做到了。

当面指出别人的错误有时会显得太突兀，这时就不如玩点儿心理策略。有时候鼓励别人，反而能让对方看到自己的不足，从而改过自新，努力奋斗。通常情况下，听到别人赞扬你的某些长处之后，再去听他说出你的不足，你就不会那么介意了。所以，发现别人的错误的时候，可以先说些他爱听的话，然后再说出他的错误，这样他就会忘掉争执，并很乐意地接受你的建议。

不要在公共场合说起意见相左的问题，即使要说，也要以意见相同的话题作为开头，而且在中间夹杂一些对方同意的见解，使得他没有机会说"不"。待其放松戒备后，再用委婉的语气让他接受你的意见，这样更容易达到说服的目的。

## 4. 谁对谁错，有时并不重要

在职场中，谁对谁错，有时并没有那么重要。

董海文在美国留学毕业后，在一家德国公司上班。他的上司是德国人，像大多数德国人一样对待工作严肃认真。上司看报告的时候非常细致，字斟句酌。而英文不是上司的母语，上司的英文水平并不高，绝对比不上留学美国的董海文。但是只要有个单词或修辞是上司不熟悉的，上司就会浓墨重彩地圈出来，要董海文改成德国的习惯用法。

董海文很不服气："我明明没有错嘛。"于是就跟上司解释："我这样写没错啊，我们学校的老师都是这样用的。"上司倨傲地问："你们老师是哪国人？"董海文老老实实地说："我老师是美国人。"本来以为上司会败下阵来，没想到上司当下一翻白眼："美国人会说英语吗？"

上司既然这么说了，你觉得这个问题还有争论下去的必要吗？即使你是正确的，但是他是你的顶头上司，你的工作就是执行他交给你的任务，否则你就可以走人了。

当然，任何人都不可能一切都是正确的。你也不能在上司做出明显错误决策的时候盲目地服从。所以工作中很重要的一环就是要学会怎样巧妙地指出或更正上司的错误，但是又不与其发生争论。如果事情不严重，还是尽量少争论谁对谁错，能不争就不争，"好钢用在刀刃上"。

很多人都有这样的认知：对的就是对的，错的就是错的。但这个"名分"真的就那么重要吗？可以肯定的是，被证明错的一方会心里不痛快。既然得不偿失，那为什么还一定要跟别人较劲呢？

阿海和阿亮以前是关系很好的舍友。阿亮是阿海上大学以后的第一个朋友，当时他们一起玩、一起吃饭、一起睡觉，形影不离。但不到半年时间就有了变化，就是因为一次极小的争论。他们变得形同陌路，他们之间再也没有说过话。

临近毕业的下半年，阿亮一直没来。阿海实在忍不住往他家打了个电话，才知道阿亮在半年前就出车祸过世了，只是学校不想让大家知道罢了。阿海哭着对舍友说："谁对谁错，真的没那么重要！"

有些公司和客户之间也经常有这样的争论，仿佛不跟客户作对就显示不出自己的专业和水准似的。当然，客户不如你专业，也不会永远正确。聪明的人都知道，凡事都据理力争的结果，是没有人愿意与你合作。

在职场中，有些人在某方面很擅长，对这方面的专业要求也极其苛刻，发现别人在这个领域出现了一点错误，就必须证明给对方看。这样的人，不但很难得到专业认同，反而还会遭到排挤。

对与错每个人心里都能分辨，与其证明对错，不如安静做事。谁对谁错，有时并没有那么重要。

## 5. 虚假的完美，不如真实的缺点

有些毕业生应聘的时候怕暴露自己的缺点，就把自己说得很完美，入职之后，一直在维护自己完美的形象，结果弄得自己身心俱疲。事实上，暴露自己的缺点并没有那么可怕，一个自信的人也是一个勇于暴露自身缺点的人。只要你自己足够强大，有些小瑕疵又算得了什么呢？

真实的缺点比虚假的完美更能得到别人的认可，一个人只有不怕在强者面前暴露自己的缺点，才能不断进步。

自认为完美的人，只会自欺欺人，不敢暴露自己的缺点，就像是"装在套子里的人"。他们是盲目的、胆怯的，他们的缺点会在自己刻意的隐藏下越来越多，而且总有藏不住的那一天。

有些人敢于暴露自己的缺点，也并没有损失自己的"面子"，反而因为自己表里如一，赢得了别人的尊重。

心理学研究表明：能够客观地认识自己的缺点，不怕暴露自身缺点的人更容易成功；而想方设法隐藏缺点，不敢正视自己缺点的人则很难取得成就。

如何对待自己的缺点实际上反映了一个人内心深处的动

机。有些人是"自我美化"型的，他们把自己的缺点藏在最深处。另外一些人是"自我提升"型的，他们敢于暴露自己的缺点，并努力克服和改正。"自我美化"型的人把大把的时间和精力投入到了炫耀优点和隐藏缺点上，"自我提升"型的人则把更多的时间和精力投入到不断努力、不断进步上，因此，他们善于把自己的弱项变成强项，并进一步做出成绩、取得成功。

能够接纳自己缺点的人不会沉溺于过去的痛苦中，相反，他们会以积极的态度去做得更好，而对那些不可改变的事实，他们则会顺其自然，不会跟自己"过不去"。

真正能认识到自己的缺点并加以改正，能促使你不断进步，日臻完美，这样你的职场道路会越来越宽，而虚假的完美则恰恰相反。

## 6. "装糊涂"有时是必需的

一个人的做事风格决定了他的职业走向，你可以表现得很聪明，也可以偶尔"装糊涂"。怕就怕该聪明的时候犯糊涂，该糊涂的时候装聪明。

初入职场，在一些场合，你不需要很聪明，只要清醒就够了。

工作"聪明"些，与同事间的关系"糊涂"些。向领导汇报工作一定要清楚，丁是丁，卯是卯，不能含糊，尽可能不要说"大概""可能""好像"等词语。在处理人际关系上比较难拿捏，最简单的做法就是少表态，不要在背后议论别人。

开会时"聪明"些，会下"糊涂"些。开会属于正式场合，每个人的言论都有记录，所以一定要想好了再说，发言要精彩，表态要严谨；会下属于自由言论，言论可"糊涂"，不表明自己的态度。

正事一定要"聪明"些，无关紧要的小事可以"糊涂"些。正事有两种：一种是上司交代的事，一种是自己的正事，如合同签订和升迁机遇等，对这些事都要清楚些。遇上一些鸡毛蒜皮的小事，可以"糊涂"些。

另外，职场上会遇到许多事，对已经深思熟虑、想好的事，要高调一点、"聪明"一些，适当地表明自己的态度；对突发事件和自己不擅长的事情，要表现得低调些、"糊涂"些，不要轻易表态。

与客户应对之时，不要表现得锋芒毕露、事事计较，这样会令人反感。不如"糊涂"一点，这样客户也许会觉得你真诚，从而更好地与你合作。

在职场中逐渐成长起来，应懂得更圆润的应对方式，不会一味强调自己的立场，而会以"装糊涂"的方式避开双方相持不下的情况，为自己找到绝佳的出口。进退之时，彰显智慧。懂得以巧妙的迂回战术避实就虚，把对方的不同意见过滤掉，变为自己的助力，往往是获得胜利的关键。

在与人交往的过程中，应该试着"忘记"自己。"忘记"自己是虚怀若谷、谦逊的表现。

另外，每个人都有一些敏感的地方，当碰到他们的"禁区"时，要"糊涂"一点，绕过去最好，不要在无意中刺痛对方敏感的神经。譬如，你曾帮助过某人，即使他很感激你，也不要在他面前提及此事，不然，他可能产生"你是不是觉得我欠你太多"的想法，心中不快。如果你知道对方在工作中或生活上犯过错，那么更要"装糊涂"，最好只字不提，否则就是在揭他伤疤，即便你是出于关心，他也无法感受到你的好意。

事事精明不见得能为你带来好处，"装糊涂"有时候是必需的，反而对你更有帮助。

# 第八章

## 谨慎对待爱情，不要毕业那天说分手

# 1. 爱情在乎曾经拥有，更在乎天长地久

大学里的爱情更多的是用心灵去感应的。很多人都明白将来走到一起的可能性不大，但还是不愿意停下来，只求给未来留下美好的回忆。当然，在特定的阶段这样想是没有错的，但是毕业之后，如果你还这样想，那就是幼稚的。

聪明的恋人会在对事业的共同追求中创造两情相悦。不是苛求恋人一定要成为强人，但人们大都希望自己的爱人有较强的事业心，对事业有不断的追求，而不是天天待在家里和你谈情说爱。

毕业了，就要寻找新的乐趣，为爱情增添新的内容。除了工作、学习和做家务以外，还有很多新的内容来创造发展感情的良好环境。例如，假期的时候，可以选择培养一项与恋人共同的爱好，使爱情保持其新鲜度。

当然，沟通必不可少，应该注重恋人间的情感交流。应少发牢骚，多赞美对方，多肯定对方。一个微笑、一个赞许的眼神、一句温情的表扬，也许就是对方奋发的动力源泉。自己外出归来，或趁对方生日，送一件小小的礼物，就会在恋人的心

中荡起爱的涟漪。

恋人之间，传递信息、表达情感的方式多种多样，只要能经常地出现在对方的生活中，看起来似乎微不足道的小事，都能成为恋人之间美好的回忆。

俗话说"小别胜新婚"，适当的"小别"，会增加恋人之间的感情。这是由于人为造成的距离，能使彼此在对方心目中的形象常新常青。从某种意义上说，没有距离就没有自由，自由产生吸引力，时空的间隔只要不是太长，往往会增加爱的强度。

24 岁的王丽毕业后已与男友同居了两年，最近，男友有了小肚子，于是开始减肥。王丽说："他减肥我也要跟着他吃减肥套餐，觉得饿得实在受不了。"

他们本来每天一起吃饭的，现在没办法，只好各吃各的。"在家里都是我做饭，有几次菜比较油，他坚决不吃，我觉得很恼火。还有一次，我买了一桶冰淇淋放在冰箱里，本来说好是我自己吃的，为这他数落了我一大堆，还说耽误他减肥，然后全部扔进了垃圾箱。"

在这样的矛盾中，王丽不止一次地告诉男友："如果你爱我，你就不应该这样做。"

再默契的两个人，也不可能每件事的想法都是一致的，应该允许对方保留个人隐私，给对方一点儿自由的时间和空间。

两个人走到一起是感情和生活的结合，不要把对方看作你的影子，不要追求形影不离。每个人都是相对独立的，彼此要给对方一点距离、一些私人空间，这样更利于双方感情的发展。

面对纷杂的社会生活，尤其是生活中鸡毛蒜皮的琐事，恋人之间需要多一些幽默的语言和承受困难的勇气，因为感情上的"浪花"往往是靠幽默激起的。幽默常常是智慧、坚毅、冷静、能力的象征，是生活中必不可少的调和剂。

另外，不要轻易指责自己的恋人。要想天长地久永相守，更需要彼此的谅解和宽容的气度，毕竟天下没有完美无缺的人。

曾经拥有只是一时的美好，天长地久才更加可贵。

## 2. 正确对待爱情与金钱

刚刚大学毕业的人，对物质和爱情的态度往往矛盾而复杂。二十几岁的人在面对物质和爱情的时候，常常犹豫不决，而且当他们把金钱和爱情做对比时，常常会产生罪恶感。实际上，对金钱感兴趣无可厚非，但一定要衡量好金钱和爱情的轻重。

不要认为钱是钱，爱情是爱情，二者毫不相关。事实上，应该把这两者置于天平的两端，小心地寻求平衡。

阿辉和阿芳是一对青梅竹马的恋人。有一天，阿辉和阿芳牵着手去逛街。当经过一家首饰店时，阿芳被一条心形的铂金项链吸引住了。阿芳心想："我要是能戴上这条项链该多好啊！"阿辉看见了阿芳眼中那美慕不已的目光，又低头看了看自己的口袋，脸红了，赶紧拉着阿芳走开了。

几个月后，阿芳的20岁生日到了。在生日宴会上，阿辉小心翼翼地拿出礼物，正是阿芳心仪的那条心形铂金项链。阿芳高兴得当众与阿辉拥吻。过了半晌，阿辉憋红了脸，搓着手，嗫嚅地说："对不起，这……这项链是……高仿的……"阿辉的声音很小，但阿芳听得很真切。阿芳的脸刷地涨得通红，把正准备戴到自己那白皙漂亮的脖子上的项链揉成一团随意地放进裤兜里。

"来，喝酒！"朋友们打着圆场劝说。直到宴会结束，阿芳再也没看阿辉一眼。

不久，另一个男人闯进了阿芳的生活。男人说，他什么都缺，就是不缺钱。当他把闪闪发光的首饰捧到阿芳面前时，阿芳那颗心被彻底俘虏了。阿芳与阿辉很快分了手，与那个男人租了一间房子同居了。

阿芳对男人百依百顺。对于阿芳来说，这样的日子很让人美慕。但是好景不长，当阿芳发现自己怀孕时，男人却跑掉了。当房东再一次来催她缴房租时，她走进了当铺，把男人送自己的金首饰摆在了柜台上。老板眯着眼看了看说："你这是镀金的，不值钱。"阿芳一下子愣住了。接着，她把所有的首饰都拿出来让老板看，老板的眼睛一亮，扒开一堆首饰，拿出最下面的那条项链说："这倒是一条真铂金项链，值一点钱。"

阿芳一看，这不正是阿辉送她的那条"假"铂金项链吗？她顿时泪流满面。

不可否认，进入社会之后，很多人越来越重视金钱，有的人甚至妄图不劳而获，坐享其成。

可是，作为一个心理成熟的二十几岁的青年，一定要坚信真正的爱情是存在的。把爱情当作一场交易的人不值得珍惜，爱情和婚姻不可能长久地建造在金钱之上。

金钱虽然可以提供舒适的生活，但是不加控制就会让人陷入欲望的深渊，因为金钱得到的幸福往往经不起推敲。因此，毕业生们，请千万不要试图把自己的爱情和金钱纠缠在一起，这不仅不会让彼此得到真正的幸福，而且当你真正成熟之后你很可能会追悔莫及。请你擦亮自己的眼睛，在金钱和爱情之间做出最为明智的选择。

## 3. 遭遇父母反对的恋情，务必三思而行

毕业之后，结婚就不再那么遥远了，父母也开始在你耳边唠叨个不停。父母同意你与恋人的关系还好，要是不同意，你常常会陷入矛盾之中，既希望能和自己的恋人在一起，又不想父母不高兴，更不愿意与父母决裂。

事实上，不要认为父母一定是错的。抛弃对父母的偏见，绝对是一种智慧。

父母反对你的恋情其实是在告诉你，你选的人不大可能跟你幸福地生活一辈子。当然，父母的判断也不一定是完全正确的，他们的理论有时会显得毫无根据。但是，在这个世界上，只有他们才会全身心地关心你的婚姻幸福，而没有任何的私心。所以，如果他们觉得你们不合适，就会毫不犹豫地反对你们在一起。

父母丰富的人生经验和知识能帮到我们，他们也会充分利用这些积累来预测你选择的恋人会带给你什么样的未来。你可能会嘲笑他们的这些知识和经验已经与现在的社会有了代沟。但是，它们确实有其价值所在。在新一代和老一代之间，对婚

姻的价值观有可能发生变化，但是，有些东西是不会变的。

当然，是你和你的恋人谈恋爱、结婚，而不是你的父母，所以最后的决定权还是在你手里。如果父母坚决反对你的决定，那么请不要立即产生负面情绪，而要好好想想自己的决定到底对不对，花足够多的时间认真考虑后再与父母商议。

当然，日子只有过了才知道是怎么回事。彼此之间即使刚开始两情相悦，也有可能在日后的生活中出现意想不到的变数；即使刚开始看起来没那么好，也不能说以后的生活一定不美满。

有一点是十分明确的，两个人在一起，即使起点很高，也需要非常努力地磨合才能获得幸福。所以，如果你怀着一颗不安的心开始了婚姻生活，那么你就要做好承担的准备，而且这是一个时间很久、强度很高的过程。

父母做的一切都是为了子女将来能生活得更好，即使他们的观点是错误的，作为子女，也没有理由责怪他们。更何况，他们有更多的社会经验，更容易做出正确的决定。

## 4. 爱情，不只是两个人的事

在大学里，恋爱可以只是两个人的事，两个人单纯地想在一起。但是毕业后，你会发现，爱情不仅仅是两个人的事，还要考虑很多的因素。

爱，不只是两个人的事，而是需要与更多不同的人相处。当你觉得自己爱得轰轰烈烈的时候，必须让自己冷静一下，考虑一下各自的家庭环境，以及家庭以外的各种关系。

李丽芳高中毕业后，没有考上大学，家人非要她嫁给一个她不喜欢的大户人家的男子，为了躲避，她流落到异乡。后来她认识了唐军，一个大她十几岁的男人。

唐军用他的细心和温柔，渐渐征服了李丽芳，他们相恋了。她以为从此他们的天空必将晴空万里。可是没想到一切在见过男方家长以后，完全变了样。

唐军的妈妈在家里哭哭啼啼地反对，说二人外貌上不般配，唐军是运动员出身，生得高大，而李丽芳却太过娇小。家里人都不敢跟母亲作对，于是全家反对声一片。

更令李丽芳意外的是，面对家人的反对，唐军竟然没有做任何的努力。他只是乞求她不要回家，并说："你先在我家勤快一点，如果还是不行，你再回家。"李丽芳欲哭无泪，以前一直以为感情是两个人的事，而现实却无情地让她多次受伤。

　　爱最初是激情四射的，而后就进入了平淡期。人不能没有激情，但更要勇于面对平淡而乏味的生活。两个相爱的人不一定能天长地久，圆满的爱情必须依托于一个很好的环境，否则爱情就会枯萎，最初的梦想也会破灭。

第九章

朋友圈里不能只是同学和家人

# 1. 学会战胜社交恐惧症，告别“宅”生活

毕业后，有的人成为“啃老族”，“宅”在家里，有的人工作之余不善社交而一直“宅”在家里。这样下去，久而久之很容易产生社交恐惧症。

“他已经两个月没下楼了，今年出门也就十几次。”徐佳俊的母亲担忧地向一位远房亲戚倾诉。

徐佳俊家住北京昌平区，毕业两年了。毕业后，一直“宅”在家里。每天中午才起床，然后就穿着拖鞋在家里走动。吃过午饭之后，就开始坐在床边聚精会神地敲打键盘。常常是睡眼惺忪、头发凌乱，胡须足足有一寸长。

“你姑奶来看你了。”尽管母亲喊了两三声，徐佳俊仍目不转睛地盯着电脑屏幕，双手不停地敲打键盘，好像没有听到。母亲再也无法忍受，一巴掌打在了他的脸上。

“干什么！”徐佳俊有些生气，但是头也不抬，只是一只手捂住了脸。

母亲有些尴尬地说：“这孩子聪明倒是挺聪明的，就是胆

儿小，不愿意与人交往。他姑奶，你看能不能在你们厂子里给他安排个活儿干?"

"宅"对于刚毕业的学生来说，并不是个好习惯。不愿意与人交往，害怕出现在人多的场合，换句话说就是有社交恐惧症，这会影响到你的生活和工作。想要摆脱社交恐惧症，并不是没有方法。

首先要消除自卑，树立自信。大学生在各方面要认清自己的优势。不断地给自己打气，告诉自己是可以从容与人交往的。同时不要太过在意他人的评价，真实的自己一样可以得到别人的接受。

其次是改善自己的性格。内向的人一般比较"宅"，可以试着让自己开朗一些。多参加同学、公司聚会，尝试主动与陌生人交往，在交往的过程中，把注意力集中在对方身上，忘却自身的紧张和不安，使自己变得活泼开朗。

大学毕业生的社交知识有限，尽管懂得开展社交对自身生活和工作发展的重要意义，但是有些人对于有关社交的知识、技巧和艺术，却掌握得不够。越是"宅"在家里，对社会和他人的淡漠感越强烈，人际关系慢慢地趋向于零。多走出房间，感受清晨的阳光，体悟陌生人的善意。当你的内心变得柔软、真诚而慈爱，就会发现人与人之间可以如此简单而温暖，哪里还会有什么社交恐惧症呢?

## 2. 学业上的老师也会是你一生的心灵导师

初入职场的毕业生，很多都会度过一段心灵的寒冬。如果能把学业上的老师当作心灵导师，跟他们进行深入交流。他们一定会给你不一样的劝慰。

王祥龙上大学时篮球打得很好，当时的体育老师对他很好，后来又因为住得很近，因此时常还会去看看老师，这些年虽然去得少了，却一直电话联系。"很多老师都退休了，电话也都变了，唉，其实很想让他们再指导我一下。"

张珍珍一直觉得大学里的高等数学老师教课认真，常常用很简单的方法就能使人明白，而且很有耐心，还经常鼓励自己。虽然这么多年来一直很感激老师，但心里面却想："我只是她教过的其中一个学生，可能她都不记得了。"所以没有主动联系过。"去年终于抽出时间回学校看老师时，才知道她已经去世了。"张珍珍不无遗憾地说。

"刚毕业的时候我经常去看老师，后来慢慢少了，只是在有什么想不开的时候才会打打电话。"29岁的梁根旭说，大学时的辅导员对他的影响很大，毕业后他也曾多次回去看老师，可是后来因为工作的压力和忙碌，去得越来越少，到现在，基本上只是打电话保持联系。

"我经常跟老师打电话，只是有时候不知道该说什么，每次就几分钟。"自己创业的卢亚飞说，"大学的专业英语老师对我很好，而且在我创业之初给了我很多宝贵的建议，让我避开了一些风浪。"

即便有的老师只教了你一天，但只要他教给你知识，教了你做人的道理，那么，他就有可能成为你心灵上的导师。

走上工作岗位之后，也许你会顿悟老师当初的做法。你不会再记恨当初老师没有给你高分，反而会感谢他的严格。

如果心里有解不开的疙瘩，不妨对老师们说一说。学校里的老师不会因为你在社会上混得好坏而选择是否与你交流，因为在他们心里你永远是他们的学生。

# 3. 找一个投缘的职场前辈做你的良师益友

　　毕业生初入职场，不但没有经验，还疏于了解职场规则，所以会遭遇挫折和迷茫。虽然说"吃一堑长一智"，但是这"一堑"包含了太多的弯路。如果在入职之初，能幸运地遇到一个职场前辈，做你的良师益友。哪怕仅仅是一句鼓励的话，都能让你的职场人生发生意想不到的改变。

　　郭晓霞大学学的是广告设计，刚毕业就加入了人称"挑战智力极限"的广告业。得知已近32岁的林强和自己一样是最普通的职员时，郭晓霞对他有了一些不好的想法。因为公司里其他和林强年纪差不多的人，至少都混到总监的位置了。但林强不以为然，他对郭晓霞不错，时常给她几句鼓励。郭晓霞很自然地就和林强走近些。一经接触，郭晓霞才知道自己错了。她诧异地说："前辈，你如此有才能，有想法，为什么不对领导说呢，何至于落得今天这般田地？"林强只是摇头苦笑。

　　三个月后，郭晓霞有了一个略为成熟的广告企划方案，但没有勇气呈示给总监。当时郭晓霞的想法很单纯，觉得要么不做，要做就要技压群雄。

开会时总监对大家提不出好的项目方案颇为生气。郭晓霞见时机"成熟"，就把方案惶恐地递到总监面前，总监漫不经心扫了两眼，扔到了一边。

林强看过郭晓霞的方案后，认为很好。郭晓霞问："既然你也认为好，为何总监还毙掉？是因为看不起新人吗？"林强说："不是，主要原因是，总监前两天开会时为没有好的方案气得直骂人，现在他刚挑了两个稍微过得去的方案报审通过，准备执行了，你才把你的方案拿出来。你这不是气人吗？所以，你应该趁总监有空的时候多和他沟通，方案不好没关系，只要他给你机会，千万不要搞得像我这样子，我就是因为不喜欢和领导沟通才落到了今天这般田地……"

看着林强叹气的样子，郭晓霞终于明白过来。

这之后，郭晓霞有了什么想法就和总监商量，聆听总监的意见。一步一步，郭晓霞不再担心露出自己的缺点，大胆地与上司和同事交流，在公司越来越吃得开。不久她就和林强一起被提升为分公司的总监了。

初入职场，职场前辈的"点拨"非常重要。每个人刚加入一家公司，都会像"林黛玉进贾府"一样小心翼翼，因为对公司环境不了解，加上自己又没有什么实际经验，最重要的是怕被领导否定。但是如果有职场前辈的"点化"，要比自己在职场上单独摸索顺利得多。

前辈的切身经验，是他们在一点一滴的打拼过程中总结出来的职场生存真谛，"含金量"颇高，里面可说是包含酸甜苦辣。

并非每个人都能幸运地碰上愿意指点自己的职场前辈，但可以暗自学习前辈们在职场中的一言一行。这样一来你的职场之路就少了些荆棘和坎坷，多了些平坦和顺风。

# 4. 向"大人物""取经"

俗话说"贵人多了路好走"，贵人也是你遇到的"大人物"。一个人的成功固然离不开自身的努力，但是外力的帮助也不可小觑，它将会使你事半功倍，而这种外力说到底就是"大人物"的帮助。

但是，如果自己不努力，缺乏真本事，即使有人来举荐、提拔，最后也会因为你是扶不起的阿斗而逐渐疏远你。

有句话说"七分努力，三分机遇"。在攀登事业高峰的过程中，贵人的一臂之力要胜过黄金万两，不仅能提拔你，还能加大你成功的筹码。

刘德坤大学毕业后，应聘进了一家著名的跨国公司，他知道自己英文很差，便死记硬背了负责产品的所有英文解说词。一日下班后单独留在公司，办公室进来一个中年人。这时，一个客户的电话打进来，正好碰上是刘德坤所负责的产品，因为都背得很熟了，所以他用英文"精彩"地讲解了一番。电话接完，中年人抬起头，说了一句："你的英文不错啊！你叫什么名字？"

后来刘德坤才得知，眼前的这位中年人正是公司大中国区的董事长。自此，受到大老板鼓励的刘德坤信心大增，每日苦练英语。因为董事长经常问起那个英文很棒的小伙子工作如何，因此刘德坤在领导那里也得到了重视，引得同事们异常地羡慕。

在董事长的关注下，刘德坤的职场生涯可谓顺风顺水。

注意观察，在职场中每个人身边都有贵人，如何从这些贵人身上吸取成功经验是职业发展的一门学问。

美国有一位名叫麦克·维尔的农家少年，从小就听爸爸讲了某些大实业家的故事，后来他想知道更多内容，并希望从他们那里得到些忠告。

于是他带上了行李，跑到了纽约，早上七点就到了阿根斯的事务所。

在第三间办公室里，维尔凭感觉认出了面前那长着一对浓眉、体格结实的人，就是他要找的人。高个子的阿根斯一开始觉得这少年有点儿讨厌，然而一听少年问他："我很想知道，怎样才能赚得百万美元？"他就哈哈地笑了起来。两人竟聊了一个钟头。随后阿根斯还告诉了他该去访问其他的"大人物"。

维尔照着阿根斯的指示，访遍了一流的银行家、总编辑及经验十足的商人。他开始仿效他们成功的做法。

20岁的时候，维尔有了自己的工厂。25岁时，他又建了一家农机机械厂，就这样，他很快挣够了百万美元。

很多年轻人之所以容易失败，是因为不善于和前辈交际。每一位青年人至少要认识一位德高望重的前辈，这样在迷路的时候你才能很快找到灯塔。

萨加烈曾说："如果要求我说一些对青年有益的话，那么，我就要求他们时常与比自己优秀的人一起行动。就学问或人生而言，这是最有益的。学习正当地尊敬他人，这是人生最大的乐趣。"

不少人总是乐于与比自己差的人交际，因为很容易找到自信，能借此产生优越感。可是从不如自己的人身上，能学到的东西非常有限。

人生的转机往往伴随着贵人一起出现，从"大人物"身上能学到更多成功的宝贵经验。

第十章

无财可理
只会·永远·没钱

# 1. 工资越低越要理财

毕业之后，不得不面对金钱的问题，多数人认为："就那么点钱，理什么财啊？"事实上，正是因为钱少，才更应该学会理财。

吴倩倩大学毕业后，经过家里的安排，进了省城的国税局工作，男朋友也在省城工作。因为尚未买房，在外租房住，每月房租、水电费总共是 1200 元，他们两个人每月能够拿到手的工资合计是 6000 元左右，早上和晚上在家做饭吃，中午在公司吃。但是他们是地地道道的"月光族"，感觉很难存到钱。

虽然他们也强制自己发了工资马上去存一部分在银行，身上只留生活费，但是最后还是每月都取出来用得干干净净。工作两年了，他们决定买房结婚，但手里根本没有存款。俩人又不愿意啃老，父母年纪都很大了。吴倩倩常常会莫名其妙地发火，要么气愤工资低，要么埋怨男友用钱大手大脚，不知道节俭。提到未来，两个人都很迷茫。

工资很低的时候，一定要懂得理财，不要破罐子破摔。有人问："工资都不够花，怎么理财呢？"下面我们就来看看工资低的时候如何理财让自己变成有钱人——

首先列出你每月的收支状况，制定一个开源节流的目标。

比如，你的月工资是 4000 元，去掉生活的必要开支，如房租、水电费、车费、吃饭钱等，可能需要 2000 元。剩下的这 2000 元再刨掉必要的社交费用、衣服、化妆品等 500 元～1000 元。这余下的 1000 元～1500 元就是你的理财金。就算只剩下 500 元，也不要嫌少，时间长了，效果就出来了。

想想看，你的同事月薪 3000 元，每个月拿出 500 元，一年后就可以拿出 6000 元去做理财了，而你却一边在某宝上逛，像捡便宜一样，买买买，一边抱怨自己工资低，逛不起商场。一年的差距已然如此，那三年五年呢？

刚参加工作，你穿什么衣服和鞋子其实并不很重要，既然钱不太够，那就尽量少买了。不如节省一点给未来储存一点资本。

对工资低的人来说，节流是关键，这就是越没钱越要理财的原因，因为如果你连 500 元都不存，五年后，你还是月光。而如果你每个月存 500 元，五年就有了 30000 元的资金！

除了节流，对工资低的人来说也很重要，就是投资自己。越是工资低，工资提升的空间越大。你可以努力工作，做出绩效，可以参加考证培训，在工作中提高学习技能，以此提高自己的收入。

职场是个努力就有回报的地方，很少会有老板对你的工作成绩视而不见。也许要不了一年，你的工资就能从 3000 元涨到 6000 元。无论是你的工作能力，还是你的理财能力，都会在你的不懈努力下，发生质的改变！

人生是可以设计的，幸福要做好准备，工资越低越要学会理财。现在就可以开始。在你穷的时候，你要对自己的工资做详细的计划。在你富有的时候，要对自己的工资做大计划。这就是生活的艺术。无论什么时候，理财的观念不能丢。

## 2. 不是吓你，记账能改变你的一生

生活中，很多人的消费都是糊涂账，每个月花了多少钱，钱都花在了哪里，都不清楚。

在一次对大学毕业生的采访中，大部分人都表示没有记账的习惯。

"你记账吗？你的钱都是怎么花的？"记者问起这些问题。"干吗要记账呀，就那么一点钱，花几下就没了。"刚毕业参加工作的小陈说道。小陈的月收入不足 3000 元，承认自己是

"月光族"。一到月底钱准光，但花到哪儿去了，完全不清楚。而他的女朋友小王也不愿意记账，她说："只要我们俩挣的够自己花，就没必要记账。"

记账是养成理财好习惯的第一步。因为我们平时会忽略掉一些较小的开支，而这些小钱有时候累积下来就是一笔大支出。如果我们不愿意记账，懒得记账，就不会注意到这些被浪费的隐形消费。没有这些数据的积累，我们自然也就无法对自己的财务状况进行科学而有效的分析。

而如果我们有记账的习惯，就会知道自己哪些钱是不应该花的，在以后的日子里，就会主动规避。比如，当我们下次再为一些小东西怦然心动的时候，就会考虑这些东西买回去会不会被用到，有没有买回家的价值？经过这么一核算，我们或许就放弃了购买，因而省下一笔。天长日久，这会让我们学会节制。而节制是成为富人的必要品质。

有人说，记账可以改变一个人的一生，这话一点都不危言耸听。记账可以帮助我们认识自己，督促我们改变自己，积极去改善自己的财务状况。

很多人不愿意记账是因为嫌麻烦。其实，记账真的有那么麻烦吗？尤其是现在，电脑上关于记账的软件比比皆是，有一些理财软件，甚至在记账的功能上增加了财务规划、提醒、消费跟踪等功能，记账已经变得简单快捷，并且还可以帮助你梳理未来可能发生的各种经济问题。所以，你不妨从现在开始记账，为以后赚钱做打算。

李女士说："手里有账本，心里不发慌。"她自己是全职主妇，丈夫开一家小饭店，收入还不错。过去他们也是大手大脚，生意很好，但是存不下钱来，这两年老公的生意没那么好了，她有了危机意识，觉得再乱花钱就真的吃不上饭了，不理财未来有可能会出现财务危机和家庭危机。

李女士理财的第一步是从记账开始，自从开始记账，每个月哪部分花销大、哪部分花销少、哪部分花销不必要，全在账本上了。为了详细掌握资金流向，积累理财经验，她甚至参加了一个小型的理财培训班。

账本上还清晰地记着家庭当月的收入和每天的支出，详细地算出了收入、支出和余额。她说支出一定要记得特别详细，详细的支出可以提醒自己少花钱和乱花钱，避免冲动消费。

李女士说，她准备将记账坚持到底，因为记账的收益太大了。

除了记账本，现在很多人也开始在网上记账。把自己的日常开支在网上公布，一些热心的网友还会帮助分析，还有的网友会告诉你什么东西买贵了，哪里有更便宜的。别人的提醒对你是一种监督，况且还可以从中获得很多省钱信息，还能向别人学习理财的方法。

不过，有的人账是记了，可是没用。记归记，该花的还在花。这就是个人的控制能力问题了。首先要对每个月的开支做个预算，比如家用、必用、零用等，该花多少钱列出来。然后，再对每笔开销实行记账。最后，再来对比一下。哪儿花多了，对不该花的一部分提醒自己以后坚决改正。

千万不要以为记账就是写下来，记账需要反思，还得调整和修正自己的消费习惯，最终学会做预算和针对性理财。

记账从现在开始，慢慢地养成良好的理财习惯。

## 3. 跟月光族说拜拜

不得不承认，很多人在大学毕业参加工作后都成了"月光族"。拿着稳定收入，却没有一分一毫存款。他们敢消费、没有规划，加上喜欢玩新鲜刺激的事物，信奉"今朝有酒今朝醉"的消费理念，就算每月收入颇丰，也不够自己消费。

很多毕业生刚开始每个月还赚不到 2000 元，但是他们就敢花 1000 元买个包，2000 元买双鞋，5000 元换一部新手机，上万元购置电脑……赚钱的能力还不高，但是消费意识已经很强烈。甚至很多年轻人的存款为零但欠款绝不是零，在他们看来只有花出去的钱才是自己的！

从小生长在上海的邓魅，一直以"单身贵族"自居。去年毕业，今年刚 25 岁的她月薪有 5000 元，无房贷，父母也从来不向她要钱，但她每个月却没有一点节余，甚至有时还要靠刷信用卡维持生活。

邓魅用的化妆品是最新款的，衣服首饰是最潮流的，接种假睫毛一次是 388 元，换一个新发型也要 500 元左右，手机费、交通费每个月也要 500 左右……再算上午饭以及参加 Party 等开销，这点工资根本就不够花。

她也知道"月光"不好，但要砍掉一些消费又很为难。她说："我不是没试过存钱，但这些花销都是我生活中必需的，哪儿都省不下来啊。"


现在的大学毕业生多为独生子女，大多数人都有很频繁的人际交往，自然也就需要更多的经济支持，不仅在穿戴上要紧随潮流，还要注意保持身材和良好的精神状态，这一切的一切都在迫使自己的消费欲望不断膨胀，以至于每个月的工资一发下来就花得差不多。该如何摆脱这种"月光"的困境？该如何规避掉"挣一个花俩儿"的看似潇洒但背后有各种隐忧的问题呢？

首先，得学会记账——清楚自己的钱都花到哪里去了。

"没觉得自己花钱呀，怎么就成'月光'了呢？"相信这是令很多人百思不得其解的问题。记账就是为帮自己弄清钱的去向，做到心中有数。关于记账我们在上一节里详细讲过，在这就不再赘述了。

其次，要冷静消费——明白什么是需要的，什么是不需要的。

"买的时候我真是喜欢，可回到家里就没那么喜欢了。"相信绝大多数人都有过类似的经历：一双摆在货架上的鞋怎么看怎么喜欢，怎么试怎么舒服，可买回家以后，却突然发现自己原来并不是那么喜欢，也并不是非买不可。这便是所谓的"冲动消费"了。

这其实是一种"购物欲"的表现，这时需要强制让自己保持冷静，可以先离开那个柜台到别处转转，分散一下注意力。或者干脆回家，给自己一段时间冷静一下，等过些日子看看自己是否还对那双鞋念念不忘……通常在冷静期过后，你就会发现，自己已经不喜欢之前看中的鞋了。

钱要花在刀刃上！好的东西实在太多了，而年轻人又处在一个看见什么都比较容易心动的时期，假如看到喜欢的就买回家，那赚多少钱也是不够花的！

最后，是强制储蓄——明白聚沙成塔、积少成多的道理。

采用"强制储蓄"的方式，每月工资一到手，就先拿出一部分存起来。可以到银行开立一个"零存整取"的账户，坚持下来，这一部分带来的收益也是可观的。

正所谓"人无远虑必有近忧"，就算大学毕业生再怎么特立独行、张扬自我，终归还是离不开柴米油盐这些实实在在的生活。与其将辛辛苦苦赚来的钱花在一些连自己都不知道的地方，还不如踏踏实实地进行理智消费，放弃那些可有可无的虚荣和欲望，这样一来生活反而更加自由和快乐。

# 4. 投资有风险，不投资同样有风险

绝大多数大学毕业生毕业后就直接转变成了"工薪阶层"，每个月的吃喝玩乐，全指着打到工资卡里的"工资"。很多人开始思考，如何处置当月剩余的钱呢？是留着下个月继续花，还是越积越多、任其"沉睡"在银行的保险柜里？

想把 100 元变成 200 元，电瓶车换成小汽车，你就要学会投资。投资有风险，不投资同样有风险。只要能找准自己的位置，扬长避短，充分发挥自己的优势，相信"工薪阶层"的"钱途"也一样是不可限量的。

一、把握分寸，等待有利投资时机

作为年轻人，用于投资的金钱有限。这就必须在投资前，认真审视自己目前的财务状况，分析各种投资方式的风险弊端。不在没做好投资功课前就随意进行投资，否则钱财很可能血本无归。也不在别人一哄而上的投资方式面前眼红，跟风投资行为说明你并没有从中思考适合自己的投资方式。更不能因为投资，把工作、家庭弃之不顾，失衡的生活并不会有利于我们思路清晰地进行投资。

把握分寸，用科学的态度和知识让投资为我所用，在不断掌握更多信息中，等待有利的投资时机。

二、要想存款得收益，就需分流得合理

陈雪峰毕业后在一家广告公司做美术策划，月薪 5000 元，女友每个月也有 4000 元，每月除去日常开销，两人还能有不少剩余。

可是，不甘寂寞的陈雪峰并不满意自己的生活，一门心思想"钱生钱"。他仗着自己在大学时学过一点经济学的皮毛，懂得"资本增值"的理论，在股市最活跃的时期，把存款全部变成了股票。那段时间，陈雪峰除了股票之外一无所有。起初股价还有升有降，他也尝到些甜头，可后来，随着股市一蹶不振，他的股票也被死死套牢了，割价出手又舍不得，结果把老本都赔进去了。

那之后，陈雪峰终于明白了经济学教科书中那条最基本的理论："合理分流"。于是，在股票套现后，他改变了理财方式，把自己的资金分成几部分，分别用于购买家庭保险、积谷防饥的生活费、家庭日常开支等，余下那么一小部分才用于股票投资。

1981 年诺贝尔经济学奖得主美国经济学家詹姆斯·托宾说

过：不要把你的鸡蛋都放在同一个篮子里，但也不要放在太多篮子里。相信大多人只听过前半句而忽略了后半句，于是在一知半解下遵照执行却发现投资收益并没有自己预想的好。我们都知道当财富投资到一个地方的时候，必然会引起相应的风险增加，一旦失误将损失惨重。但另一方面，也需知道要是投资太过分散，必然会减少利润空间增加管理成本。分析自己能够承受的风险指数，在能够承受的前提下选择收益最大化的投资方式。

在"钱生钱"的准备和进行过程中，最忌讳的就是急功近利和见钱眼开，只有静下心来从长计议，脚下的"钱途"才会显现出来。

工薪阶层在投资之前一定要先冷静下来，对自己的爱好、学识、工作时间、收入、身体情况等方面做一个系统仔细的分析，然后根据得出的结论选择或是制定适合自己的"淘金攻略"。如果不顾后果地盲目跟风，很可能因为种种不适合而血本无归。

投资有风险，不投资同样有风险，工薪阶层在投资的同时也要注意，谨慎涉足风险过大的项目。小心谨慎、量力而行、一步一个脚印地向前，财富就会滚滚而来。

## 5. 基金定投，心动更要行动

很多人会把每个月剩余的钱都放在工资卡上作为活期存款，但是活期存款利率低，收益也微乎其微，想要通过活期存款实现自己的理财计划，和其他投资方法相比就不太合适。

那么应该如何理财才能得到利益最大化呢？在安排好日常的支出后，学习基金定投的方式积累财富才是王道。

王恒去年毕业，目前在大连某进出口公司工作。今年以来，他每个月能拿到 5000 元 (含奖金)，由于刚入职半年，无年终奖。他住在家里，午饭在公司食堂吃，由于平时没什么花销，可以每月都把工资存到银行。

王恒把自己每个月的消费统计了一下：剔除社保和公积金缴存后，每月税后收入在 4000 元以上，加上奖金基本上在 5000 元左右。因为吃住在家，月支出上只需要生活用品不到 100 元，电话费 100 元，交通费用也在 100 元以内。父母都有工作，暂时不需要用他的钱。

王恒每个月能剩4500元左右，目前银行卡上有15000元存款。由于考虑到结婚，王恒的短期目标是积累到一笔资金支付房子的首付。但是这样存下去，除非5年内自己不找女朋友，否则是付不起首付的。

"基金定投"的最大好处是可以摊平投资成本，因为定投的方式是不受市场行情波动影响的，只是当基金净值走高时，买进的份额较少。而在基金净值走低时，买进的份额较多，这是一种半自动的投资方式，自动形成了逢高减筹、逢低加码。

这种每月分散投资的方式能摊低成本和风险，使投资成本接近大多数投资者所投成本的平均值。在这种情况下，不仅资金的安全性有保障，时间的长期复利效果也会凸显出来，而且可以让平时不在意的小钱在长期积累之后变成"大钱"。

按照一般规律来说，10年以上的长期投资是较少出现赔钱的，且基金定投的平均收益率可以达到10%。比如王恒刚开始拿出10000元来做定投，之后每月定投2500元，按照10%的收益率估算，5年后就可以积累到约20万元了。

当然，对于刚毕业的大学生来说，基金定投最好选股票型基金，或者是混合型基金，这样，风险摊薄效应更明显。而债券型基金或货币型基金，主要是获取固定收益，风险摊薄的作用被削弱。

在选择股票型基金或混合型基金进行定投时，要分析所在公司以往的基金走势，选择过往业绩优异、具有较强品牌实力的产品。

另外，基金定投的期限往往比较长，因为只有这样才能减少市场短线波动对投资回报的影响。如果在买进基金后，因为长期看不到利益或是其他因素而赎回或者停止续投，那就赔了夫人又折兵了。所以，如果想达到效果，就要进行长期投资了。

爱因斯坦说："复利是世界第八大奇迹，其威力比原子弹更大。"复利远没有你想的那么简单，它最奇妙之处在于时间因素，如果一块钱年复合增长率30%，那么10年后只有13.8元，但50年的增长会变成49.8万元。

有很多人持观望的态度，看着别人在基金定投中获得利益，而自己迟迟不敢行动。如果连基金定投都怕风险，那你只能守着租来的房子做白日梦了。

# 6. 年轻人一定要买的保险

在大部分大学毕业生看来，生活中发生意外的概率就像中彩票一样低，就算偶尔发生了，也绝不会轮到自己。重大疾病更是遥远得不得了，应该到了中老年才去关心这样的问题。可事实上，一项调查显示，在我国有 70% 的白领处于亚健康状态。

大学毕业几年，我们正逐渐承担起越来越重的责任和压力，面对不容乐观的健康状况，应该转变观念，在辛苦工作，努力赚钱的同时，也不能忽略"保险"的合理搭配。用小成本为自己修筑一个安全又牢固的堤坝，以便自己能从容应对工作、生活、健康等各方面可能出现的大风大浪。

那么，面对市场上种类繁多、功能各异的保险，刚刚毕业几年的我们应该如何来选择呢？首先你要考虑到保险的实用性，其次还要结合自身的经济条件。由于毕业生的事业和生活正处于刚刚起步的阶段，应该尽量选择纯粹保障性的产品，并且着重突出"范围广""费用低""保障高"这三个特点。

选择一：意外险

意外保险具有保费低、保障高等诸多特点，适合各类投保人群，尤其对于刚刚步入社会，马上要组建家庭的大学毕业生来说，是不错的选择。

购买意外保险时要注意，根据我们所负担的保费不同，保障范围也会有所差异。有些意外险只赔付"意外死亡"，有些是连残疾、住院治疗费等可以报销的，甚至每天还会有几十元至上百元的住院补贴。因此，建议毕业生选择购买包括意外死亡、残疾以及意外医疗事故在内的综合意外保险。毕竟，在意外事故中死亡的情况是极少数。

选择二：综合保险

综合保险计划的特点是，在一定的保费基础内，能够综合计划均衡保障，从而使投保人获得较为全面的保险保障。

选择三：重大疾病险

重大疾病保险是保险公司的传统险种，一旦被保险人在保险期限内不幸患上保险合同中约定的重大疾病，均可获得保险公司的赔付。

如今，有很多重大疾病已经呈现出低龄化趋势，年轻人患病的可能性也在逐年加大。根据专业调查所得结论，社会上有五类人群患重大疾病的概率较高：有家族病史的年轻人群，工作压力较大的白领人群，性格较为压抑的人群，长期遭受装修等污染的人群以及家庭关系处于紧张状态的人群。这些人群里包含了很大一部分的大学毕业生，所以，重大疾病险也是必不可少的。

另外，在选购重大疾病险时，最好购买有"提前给付"功能的，也就是说，一旦被医院确诊为合同中明确列出的重大疾病类型，保险公司就要先赔付用于治疗，而并非等死亡之后才给予赔偿。

选择四：传统寿险

传统寿险可分为终身寿险和定期寿险。

终身寿险的优点是保单具有现金价值，保单所有者可以中途退保领取保金。当投保人急需用钱时，也可以在保单现金价值的一定限额内向保险公司借款。终身寿险具有较强的储蓄性，但是价格相对较高，不太符合刚毕业的大学生的实际要求。

而定期寿险的特点跟意外险类似，也是保费低、保障高，比较适合需要照顾全家人，又没有较多可自由支配资金的人群。但由于其只针对于某一个固定的期限进行保障，如果被保险人在期满时仍然生存，那么保险公司是不会承担支付责任的，也不会退还保险金。

当然，也正是由于定期寿险具有价格低廉的优势，所以很适合经济上并不宽裕的大学毕业生。

虽然购买保险并不能避免重大事故的出现，挽回生命，但对于大学毕业生稳固自己在社会上的地位还是能起到一定帮助的。等成为全家老小的经济支柱时，更应该培养自己较强的风险意识，懂得只有先照顾好自己才能更好地照顾家人的道理。

在险种相同的情况下，年纪大的投保人往往需要交纳更多的保费。而年轻人交纳的保费就相对少些，所以你应该趁自己身体好，更容易符合投保条件时，提早为自己选购适合的保险，这样，你的健康生活才能更好地得以延续，家人的生活才能更有保障。

# 7. 让信用卡成为你理财的工具

到了今天，信用卡已不单单是支付工具。对精打细算善于理财的人来说，信用卡早就成为省钱的法宝，不仅可以获得免息周期，还可以帮助持卡人在消费时获得一定折扣优惠。

信用卡的免息期是最大的卖点，如果学会了用信用卡理财，就能节省不少钱。

李可可大学毕业两年了，经过自己的不懈努力，终于进入了外企，做起了小白领。

李可可平时很喜欢购物，公司附近有一家太平洋百货，因此她申请了民生银行太平洋远东百货联名信用卡。

拥有此卡，在全国任意一家太平洋远东百货用民生银行太平洋远东百货联名信用卡刷卡购物部分可享受消费折扣，连新品也有折扣，常令同去的姐妹美慕不已。同时，用联名卡刷卡购物可获得积分，消费 1 元积 1 分，各店不定期举办积分现金折扣、积分红利商品和积分加价购等活动。家里的茶具、毛巾等不少家居用品都是她用消费积分兑换的，省去了一笔费用。

此外，联名卡持卡人还可在各家太平洋远东百货凭不限金额的联名卡刷卡单，在商场停车场免费停车 1 小时，这也为李可可的男友节省了一笔开销。她觉得这种联名卡不仅给消费者带来更多的购物折扣和消费便利，同时也能成为大商户的 VIP 顾客，真的是物超所值。

如果你有两张卡，而两张卡的账单日、还款日又不同，那么你完全可以拥有 2~3 倍透支额度的资金，只要注意一个时间差就可以了。这样其中始终有一笔资金能够让自己周转，可以顺利解决很多问题。很多人都把持有信用卡的人叫"卡奴"。但是，只要持卡人学会控制信用卡，而不是让信用卡给控制了，信用卡可以是一种理想的理财工具。

吴大维大学毕业后，经过十数载的打拼，终于成了令大多数人美慕的"金领"。刚买了房子，可是在筹划装修的时候，预算支出 10 万元，当时他手上只有 7 万元。他的工资是每个月 5 号到账，最多能到手 1 万。新房打算结婚用的，装修不能拖延。这时候吴大维想到了自己那两张信用卡。

他的两张卡的账单日、还款日都不同，如果打好一个时间差，完全可以拥有2~3倍透支额度的资金。这样自己就可以使用其中的一笔钱，装修就可以马上开始了。

吴大维第一张卡的账单日为每月20号，最后还款日为下个月8号，如果是在这个月21号消费的，那么这笔消费只会记录在下个月20号发出的账单中，等到第三个月8号还款的时候免了48天。但如果在这个月19号消费的，这个月20号生成的账单中就记录了这笔消费，到下个月8日必须还款的时候只享受了20天免息。也就是说，能有多少天的免息，其实关键是在哪天消费的，如果选择在记账日后消费，免息期就会相对较长。

第二张卡的账单日是每个月的5号，最后还款期是下个月的25号。

于是在7月10号这天，除了提出7万的存款外，吴大维用第二张卡付了1万元的装修费，8月21号，他又用第一张卡购买了2万元的建材，装修费和材料费全部到位。9月25号，他要还1万元的信用卡账，这个时候他已经存了7月和8月这两个月的工资，节余共2万元。

等到第二张信用卡的两万元账到期，这个时候，他上个月的工资已经到账，节余的一万加上之前的一万正好用来还款。没有一张卡逾期还款，不用支付任何利息。

做到这些，你首先需要看懂银行寄来的对账单。简单来说，对账单上记录着记账日和账单日，信用卡的记账日就是银行在系统中记录客户消费情况的日期，账单日就是生成账单的日期。举个例子，如果账单日是每个月的 5 日，还款日是每个月是 25 日，那么在 1 月 5 日之前的消费，在 1 月 25 日之前必须还款。如果在 1 月 6 日消费，结账单日是 2 月 5 日，最后还款日是 2 月 25 日。

对账单上还记录着最后还款期，也就是免息还款期内必须还款的最后日期，过期未还则要支付前期和后期的利息。

想成为理财高手，可以掌握使用信用卡的窍门，让信用卡不再仅仅是一个消费工具，而能成为个人的理财工具。

## 8. 投资自己是年轻人最稳当的赚钱方法

刚刚走出校门的大学生，正处在职业变动时期，如果能在这个阶段将精力用于"充电"上，不仅可以提高自己的业务知识和文化素养，更能为将来在职场上进一步发展打下扎实的基础。

所以，这一时期对于你的事业来说非常关键，与其花过多的时间精力投资股票之类，倒不如直接投资到自己身上，选择一些职业资格和专业技能方面的培训，给自己来一个彻底提升。

财富学上把时间用来理财的观念称为"时间视野"，将来的地位与财富，取决于对自己的投资和长远规划。

如果你现在的年薪只有 5 万元，但是随着你职位的升迁和跳槽，不需几年，薪资就有可能上调到 10 多万元，光是薪资上涨幅度就相当可观，比起操作投资工具的报酬率来说，是很稳当的赚钱方法。

去选择具有潜力的行业或公司，把眼光放远，你才能飞得更高。当然，仅仅为了一点点薪水就随意跳槽是不值得的，大公司看制度，小公司看老板，在大型公司要学习制度，在小型公司要向老板看齐。不管待在什么规模的公司，一定要慎选对自己有帮助的工作，而不是单单为了高一点的薪水。

另外，除非你从小就表现出了商人的资质，要不然在没有经过系统化的训练前，千万不要贸然决定跳出来创业，好老板也肯定做过好员工，从一个领薪水的员工转变成发薪水的老板，很多事情都要自己经历一番，才知道绝对没有那么简单，那些神话般的成功案例毕竟只是少数。

只有把工作经营好，做出成绩，做得有声有色，才会有更多精力去考虑理财，如果你对投资理财工具的选择实在没有太多想法的话，不妨选择投资自己，坚持"投资自己"一样是了不起的投资理念！

在努力赚钱，谨慎花钱之余，更要养成"投资自己"的习惯。只有主动提升自己，才能真正增加财富，帮助你尽早实现目标，更好地享受生活。

投资自己都舍不得花钱的人，往往是最浪费钱的人。

对于毕业生而言，假如你向家里要几万块钱投资到股票市场，按照翻倍式的复利增长，什么时候你可以变成富翁？

在知识经济时代，最没有风险的投资资产就是你自己。

投资自己可以投资在优质教育和个人的独特体验上。因为好的学校不但能"充电"，还能塑造人，给人以自信、健全的思维和合理处理问题的方式。也有些东西是从别人那儿无法学习到的，那就是独特的体验。从小到大，我们知晓了一大堆道理，但是每个人都只能从自身体验中学到最有价值的东西，从别人的意见中得到启发。唯有自己去探索这个世界，体验各种滋味，才能使自己的阅历丰富起来。

刚毕业的大学生都很年轻，所以，大胆地投资自己，这永远都是最稳当的赚钱方法！

# 第十一章

你将被自己浪费的时间惩罚

# 1. 学会时间管理，否则再过十年还是原地打转

在职场中，工作和任务的高效完成离不开时间上的管理，比如，工作上如何有效地利用时间。提高时间利用率的方法很多，例如，撰写工作计划，列出每天要做的事情的优先次序，然后按计划执行，还有空余时间就用来学习，为自己充电。

时间管理是自我管理的根本，把时间投资于你想做成的事上。因为你投资什么才可能收获什么，投资于健康就会在健康上收获，投资于人际关系就会在人际关系上有收获。

毕业生关于时间管理最大的误区，在于不清楚时间管理的目的。时间是过去、现在、未来的一条连续线，各种事件挤满了时间，所以说时间管理的目的就是对事件的控制。

要有效地进行时间管理，必须先制定好自己的目标。其次就是执行力，根据此目标制订你的长期计划和短期计划，然后细分为年计划、月计划、周计划、日计划进行执行。在工作岗位上，应尽量明确工作计划和目标，并且认真执行计划，按照指定时限，甚至争取提前完成有关工作。另外，还要随时检讨时间运用准则的正确与否，从而减少时间资源的

浪费，加大工作的绩效。

避免浪费时间最有效的方法就是有目的性地做事情。"生产力"和个人的"兴趣"有着直接的关系，而且这种关系还不是单纯的线性关系。如果一个人面对他没有兴趣的事情，他可能会花掉100%的时间，但只能产生50%的效果；如果遇到他感兴趣的事情，他可能只需要花50%的时间而得到100%的效果。要在工作上奋发图强，身体健康固然重要，但是真正能使你奋发图强的动力来自你的内心。静下心来真正地投入到你的工作中去，这是一种态度、一种意志、一种渴望。

另外要经常统计自己的时间安排。挑一天，记录下每30分钟做的事情，然后做一个分类和统计，看看自己把时间浪费在了哪些方面。凡事想要进步，必须先理清现状。每次统计后，把一整天做的事列成表格，在一周结束后，分析一下，下周你的时间如何可以更有效率地安排？然后一个月、一个季度、一年……

等你做完了时间统计，你一定会发现每天有很多时间流逝掉了，例如坐公交、走路、到银行排队等，其实这些时间可以有效利用下来，用来背单词、进行片段阅读、学习新的东西等。

时间是公平的，不管你是积极追求目标，还是正在虚度时光，它都不会因为任何人而停下来。所以，要学会有效率地使用时间。

## 2. 一次只做一件事

有一个调查研究问题说，如果你的家里既有电脑，又有电视机，那么你现在把电脑显示器和电视机"肩并肩"摆在一起，同时打开放不一样的节目，你能不能更愉悦地观看节目？

调查显示大多数人回答是不能，这也证明如果同时做两件事，结果就是哪件事也做不成。

纽约中央车站问询处只有10平方米，那里是世界上最紧张的地方。每一天，那里人潮汹涌，每一位旅客都争着询问自己的问题，都希望快点知道答案。对于问询处的服务人员来说，工作的紧张与压力非同一般。可是有一位服务人员，看起来一点儿也不紧张。他身材瘦小，戴着眼镜，显得那么轻松自如、镇定自若。

有一位矮胖的妇人走到他的窗口，她的衣服已被汗水湿透，充满了焦虑与不安。问询处的他倾斜着上半身，把耳朵尽量往外送。他集中精神，透过他的厚镜片看着这位妇人说：

"你要去哪里?"

这时，有位穿着西装、打着领带，一手提着皮箱的男子，在旁边插话。但是，这位服务人员好像什么都没有听到，只是继续和这位妇人说话："你要去哪里?""东京?"

"是日本吗?"

"是日本的东京。"

他连行车时刻表都没看，就说："你得先乘班车到机场，班车是 10 分钟一辆，在第 30 号月台出车。你不用跑，车还多得很。"

"你是说 30 号月台吗?"

"是的，夫人。"

女人转身离开，这位先生立即将注意力转移到穿西装、打领带的那位身上。但是，没多久，那位夫人又回头来问了一次月台号码。"你刚才说是 30 号月台?"这一次，这位服务人员没有理那位夫人。

记者采访那位服务人员："我很好奇，你是如何做到并保持冷静的呢?"

他回答说："我并没有把他们当作公众，我只是单纯处理一位旅客。忙完一位，就换下一位，一次只服务一位旅客，绝不同时服务两位。"

"一次只做一件事"，这可以使自己静下心来，心无旁骛。专心做一件事，更有可能把那件事做完做好。倘若你一心二用、见异思迁、心浮气躁，什么都想据为己有，最终就像猴子掰玉米，到头来两手空空，一无所获。

2006年，心理学家卡琳·弗德、芭芭拉·J·诺尔顿和拉塞尔·A·波特拉克合作做了这样一项实验：在播放低音调和高音调的声响的同时，在电脑屏幕上向14位受试者展示各种形状的图形。然后把受试者分为两组，一组只需要辨认出图形中的样式，并以此为根据做出推测。而在另一组受试者还需同时对高音调声响进行计数。

实验结果是这样的：第一组受试者很快地做出预测，但第二组却不能解释图形所蕴含的样式，也不能将之灵活地应用在其他场合。其实，这是由于他们的"陈述性记忆"注意力因被分散而减弱。简而言之，同时处理多任务的人不能很好地从中看出和听出自己需要的信息。

每个人的能力和精力都是有限的，一次最好只做一件事，只要能保证把眼前这件事做好就行了。其他事情其他时间可以做，如果两件事情非要一起做，可能一件也做不好。

# 3. 善用空档时间

　　互联网的发展推动了信息碎片化时代的到来，于是我们忙不迭地用微博关注热点，用微信获悉朋友动态，吃饭前看看淘宝上新，睡觉前再看篇娱乐新闻八卦，工作学习的时候突然想起朋友圈需回复……原本大块的时间被打得七零八碎，空档时间被许多无益费时的事情所占据，于是越来越焦虑，但是又控制不住自己继续沉浸其中。其实善用空档时间，把碎片时间都利用起来有很多方法。

　　举个例子，当你与人约会、参加集会、出席会议、观看戏剧或运动竞赛时，按照惯例应在约定时间前五到十分钟到达目的地，而这段时间，就是所谓的"空档时间"。这段时间你可以在聊天中消磨掉，也可以做一些工作上的准备，处理杂务、看看书、思考新方案等。而且你提早出门，万一遇到交通拥挤等情况时，仍能在约定时间前到达目的地，不会产生让对方空等的尴尬，自己的心情也会较为悠闲轻松。

　　*每次拿破仑·希尔排队等候时，他身上总会带些有用的东*

西，排队时打开看。他非常善用空档时间，他的车里永远放着技术报告和商业杂志，以便在等红灯或塞车时看几行字。他还在车里放了一把拆信刀，每次开车时都带着一叠信件，利用等红灯时看信。拿破仑·希尔说，反正百分之十五都是垃圾信件，而且在他到达办公室前，信件已经遴选完毕，所以一到办公室他就把垃圾信件全都交给助理丢掉。

那么如何把空档时间高效利用起来，从而让自己过上一种更为高效的生活呢？时间管理畅销书《小强升职记》的作者邹鑫给了我们四个可以用加减乘除来说明的建议。

所谓加法就是我们要先看到自己的碎片时间都用到了哪里，然后才可以谈得上利用。邹鑫的方法就是通过写时间日志的方式，把每一天花费的时间都记录下来。然后还需要知道这些时间你打算怎么利用，比如，空出了五分钟你该做些什么呢？这时就需要你提前做好一个列表了。

减法指的就是批次处理，把工作性质相同的事情分批次完成，减少不同事情之间的切换成本。

乘法指的是碎片时间思考，大片时间执行。邹鑫把我们现在做的事情都分成两部分，第一个是想清楚该怎么做，第二部分是直接去做。在碎片时间里思考接下来的事情该怎么做，然后在大段时间里心无旁骛地执行。事情想清楚了，才能够做好。

除法就是通过切换情景和改变状态来消除我们的一些压力

和焦虑，从而得到很好的休息和放松。

掌握"加减乘除"时间管理法则，在时间夹缝中求成长，善用空档时间的同时我们也慢慢缩短了成为更好自己的距离。

利用空档时间，还要把握住一点：主动去支配时间，而不是让时间来支配你。如果能建立这种正确想法，身体力行，必能将空档时间有效地利用起来，完成一些有意义的工作。


杰克·威尔逊开了一家顾问公司，平均每年要接150件案子，他每年到各地旅行，有很多时间是在飞机上度过的。威尔逊很注重和客户联络感情，所以他常利用飞机上的时间发短信给他们。他说："这样做有何不可呢？它让我受益良多。"

有一次，一位同机的旅客在他后面坐着一直盯着他看，下机时他很友好地和威尔逊握手，说："我在飞机上注意到你，在3个钟头里，你一直在写短信，你是个卖命的好员工。"威尔逊回答："我是好员工，我也是好老板。"


生活中，我们要等公车、地铁、飞机，甚至可能意外地被困在机场。这时候你完全可以看书、写东西、修改报告或者打电话给家人报平安，而不是浪费在无聊、烦躁、无所事事上。

# 4. 为每天增加一个小时的清醒时间

大学毕业生开始工作之后都要有一个适应阶段，在这个阶段内很多人觉得迷迷糊糊的，一天到晚都处于精神困倦状态，说到底，还是疲劳惹的祸。

疲劳容易使人产生忧虑，还会降低身体对一般感冒和疾病的抵抗力，所以防止疲劳也就可以防止忧虑和一般疾病，而保持清醒是防止疲劳的关键。

雅各布医生认为任何一种因长期的精神情绪上的紧张而引起的疲劳，在完全清醒之后就不复存在了。也就是说，如果你能多保持一个小时的休息时间，工作和学习效率会倍增。

要每天增加一个小时的休息时间，第一条规则就是：留出休息时间，防止疲劳。

美国陆军的权威数据显示，即使是经过多年军事训练又很坚强的年轻人，如果保持每隔一小时休息十分钟，那么行军速度就会明显加快，行军时间会明显加长。

科学研究表明，从人的心脏每天压出来流过全身的血液，相当于一节运油火车车厢的承载量；每天供应的能量，足够用铲子把 20 吨煤铲成一个三尺高的平台。你的心脏能完成的工作量绝对超出你的想象，而且能持续 50 年、70 年甚至 90 年，所以它不需要休息吗？

有很多人可能会说："谁休息它都不能休息啊，它一休息我就完了！"来自哈佛的华特·坎农博士解释道："绝大多数人认为人的心脏整天都在不停地跳动。事实上，在每次收缩之后，它会有完全静止的一段时间。当心脏按正常速度每分钟跳 70 下时，它一天的工作时间只有 9 小时，也就是说它实际每天休息了 15 小时。"

第二次世界大战期间，年近 70 岁的丘吉尔每天工作 16 小时，而且是年复一年地指挥英国作战，但他并没有因此而累倒。

丘吉尔每天早晨在床上工作到 11 点钟，看报告、口述命令、打电话、吃早餐，甚至在床上开会。吃过午饭以后，他还要睡一个小时午觉。到了晚上，在 8 点钟吃晚饭以前，他要再睡两个小时"晚觉"。他并不是要消除疲劳，而是因为经常休息，所以到半夜之后他还能保持清醒。

每天增加一小时休息时间，你能做些什么呢？如果你住的地方离公司不远，每天中午回家吃午饭的话，饭后你就可以睡十分钟的午觉，这样整个下午就能精力充沛。如果你中午不能回家吃饭，那么你晚上下班回家后先躺下休息一个小时，这比喝一杯饭前饮料要便宜得多。但效果比喝一杯饮料有效很多倍，或者能在下午 7 点或者 8 点钟左右睡一个小时，你就可以在你生活中每天增加一小时的休息时间。

如果你从事的是体力劳动，你只有保持足够的休息时间，才可以做更多的工作。当然，如果你做的是非常危险的体力劳动，比如，井下作业，你就更应该保持足够的休息时间了。

这不是劝大家放弃工作时间，更不是骇人听闻的说教，每天增加一小时休息时间，对我们至关重要。如果你在年轻的时候都不懂得休息养护身体，那你年纪大的时候，身体会为行动带来很多的束缚。

## 5. 先做重要的事而非紧急的事

"请问你有时间吗？""不好意思啊，我在忙着。"很多职场新人都觉得自己没有多少时间。旅游没有时间，读书没有时间，甚至老板让加班都没有时间。那么你的时间都干什么了呢？

米开朗琪罗 25 岁的时候有人曾经问他："你是如何用一块

逾吨重的材质普通的大理石雕刻出这样一个无比精美的有血有肉的大卫的？"他回答说："我并不是在创造什么艺术。大卫早就已经在那儿了。我要做的，只是把那块大理石中不属于大卫的部分去掉，把活生生的大卫解放出来。"

去除所有的障眼物，最重要的部分就会凸显出来，这就是米开朗琪罗成为伟人的秘密！在纷繁的现代社会中，许多人都迫切地希望找到生活的重心，这样就可以提高自己的生活质量。

时间管理四象限法则按照事务的紧迫性和重要性，把所有事务分成四类：重要且紧急，重要不紧急，紧急不重要，不重要且不紧急。我们不妨也把自己生活、工作中的事情分为四类，重要而紧急的事情优先并且尽快处理，重要而不紧急的事情可暂缓一段时间，但要加以足够重视，这是我们最应该偏重做的事情。

另外，紧急不重要的事情需要尽快处理，假若时间不够可以考虑安排别人或者请求他人帮忙。最后剩下不重要且不紧急的事情，那就考虑一下是否值得花费精力去做吧。

我们合理管理时间的前提就是为了目标和计划的最大最优实现，实现目标的过程又会强化我们管理时间的信心，从而形成一种良性循环。

很多人犯了不分轻重缓急的错误。他们通常是这样排列计划中的各种事项：

第一，今天必须做的事——最着急的事情；

第二，今天应该做的事——有点儿着急的事情；

第三，今天可以做的事——不着急的事情。

按照这种思路做事，重要的事情都被挤到了时间表之外，很容易被着急的事情耽误。也许你已经发现，越是重要的事情越不着急，因为其往往需要充分的准备时间。比如有一个非常重要的谈判，你给自己留出一个月的时间来准备材料。由于不着急，你总是不动手，直到距离谈判还剩三天时才着手收集材料。如此一来，你自然感觉时间不够用，一通忙乱之后，还难出业绩。

法国哲学家布莱士·帕斯卡说："把什么放在第一位，是人们最难懂得的。"将要事放在第一位，活用时间杠杆，才是高效的做事法则。

（1）先考虑"轻重"，再考虑"缓急"

"轻重缓急"这个词我们经常说，其中其实就蕴含着时间管理的智慧。在处理任何事情时，都应先考虑"轻重"，优先做重要的工作。假如你还在学校读书，那么把功课学好比去做兼职重要，但很多人都选择了先去做兼职赚钱，最后得不偿失，再来补救就要付出更多的时间和精力。

倘若你日后再在急事和要事之间摇摆不定，就先问问自己，哪一件事是真正重要的，对实现人生目标和职业规划有所帮助的？把时间优先安排给要事，你就不会生活在忙乱中了。

（2）先把要事放进计划表里

·毕业三年·决定你一生的财富·

要充分利用计划，把对你而言重要的事情首先放入计划表中，占住整个时间段，尽量不要把一件重要的事分开在两个半天进行，以免打断你的工作思路或者影响你的午休质量。

安排好重要的事情之后，再安排紧急的事情。如果有既重要又紧急的事情，则要放到一天中的第一个时间段进行处理。

（3）用内部黄金时间处理要事

所谓内部黄金时间，就是你在一天中思维最清晰的两个小时。由于体质不同，每个人的内部黄金时间都有所不同，有的人是上午 10 点到中午 12 点，有的人是下午 4 点到 6 点。

在这段时间里，你的办事效率和准确度会大大提高，最适合处理工作中的要事。至于急事，你不妨放在黄金两小时之外的时间处理。

千万不要把这段时间用来跟同事聊天或者煲电话粥，以免造成时间浪费。

你不是没有时间，而是把太多时间都浪费了在不重要的事情上。把这些时间找回来，你工作的效率就会倍增。

# 6. 不要期望明天，明天还有明天的事

"今日事今日毕，因为明天还有明天的事要做。"这个浅显的道理每个人都懂，可是能做到的却寥寥无几：今天没整理好文件？没关系，我可以明天做。今天没有应约见朋友？没关系，我可以明天再约。长此以往，工作不断堆积延后，聚会不断缺席，你最终会挂上"工作能力差""交际能力差"的标签。

星期五下午，东子的老同学和同事就会在 QQ 上不断找他，约他下班后去聚餐狂欢。因为聊得太 High，荒废了一下午的时间。下班时间到了，他却还有几个文件没看，便想，明天反正周末，加会班就好了。

但第二天，朋友约他去郊游，工作顺理成章又被推到星期天。星期天，女朋友缠着他去逛街看电影。等回到家已经是晚上 10 点多，哪里还有时间和精力加班。只好期望周一早起一会儿，到公司完成……如此一拖再拖，结果可想而知。

期望明天的人喜欢说："明天，我会一口气完成所有工作！"遗憾的是，按照他们不断推延事情的做法，理想中的"明天"永远不会来临。

明天是个既美妙又残酷的词汇，因为它隐藏着巨大的可能性和危机。今天的事情推到明天去做，明天的事情又用什么时间去做？特别是在职场上，一味期待明天的结果很可能是被告知："明天你不用来上班了。"

不把事情推到明天的人，往往有极强的自律能力和计划性，会向自己的目标不断前进，更容易成为人生的赢家。

国内有一位画家，他极其重视今天，坚持"不教一日闲过"。一次画家过生日，朋友到他家来为他庆生，玩到很晚才告辞离去。送走朋友之后，画家立刻拿起笔来准备作画，家人都劝他："明天再画吧！"画家却说："今日事今日毕，明天还有明天的事！"

这位画家，就是我们耳熟能详的大画家齐白石。

习惯期望明天的人往往迷恋"从容不迫"的感觉，从内心里，他们并不认同"凡事立即去做"的理念，认为忙碌紧凑的节奏太容易令人出错，比起在下班前一小时结束工作，他们宁愿花费第二天的两个小时。在他们看来，把事情往后推迟使自己有所准备，这是非常必要的，虽然这种行为方式让他们效率低下。

豆瓣网上一篇给"明日论"平反的帖子得到网友的疯转。帖子的作者称，不断把事情向后推迟是人心理的一种自我调节机制，就像庞统日审百案一样，不断把事情推向明天的人能更好地完成工作。大律师韦伯斯特就有一条重要原则："能够拖到明天做的事，今天绝对不要去做。"

你认同这样的说法吗？如果把今天的事全都拖到明天，那你今天要做什么呢？承受着老板的不满、弥补昨天的进度？还是在别人繁忙时顾自取乐？

世界上不存在"可以拖到明天做的事"，既然明天还有明天的事要做，你就要学会把今天的事情在今天做完。

（1）工作量少：提前处理明天的工作内容

调查显示，越是工作量少的时候，人们越无法完成当日的工作，因为大家总会想："这么一点内容，我还有时间。"

不想被自己的惰性打败，你就要主动给自己施加压力，将第二天的工作纳入当天的工作安排中，使自己走在"明天"的前面。

（2）工作量适中：给自己点奖励

如果你能在下班前1～2小时的时间内结束当天的工作，不妨给自己点奖励，让自己休息一下，或者去茶水间喝点咖啡。今天的工作完成了，就用让自己"尝点甜头"不断鼓励自己，时间长了，你的工作效率自然有所提高。

（3）工作量大：先做重要的事

一般来说，无论工作量多少，重要的事都应该排在第一顺位。特别是工作量非常大的时候，你一定要把自己所有的事务按照重要性顺序排列，按次序去做，即便迫于无奈把工作拖到明天，也不会手忙脚乱。

不断期望明天，把今天的事情推到明天，明天的事情推到后天，你的生活将永远处在"弥补""追赶"的状态中，伴随而来的巨大心理压力总有一天会压垮你，进而搞砸你的工作和生活。

## 7. 花几分钟整理你的办公桌，包括电脑桌面

你有没有计算过自己每天寻找东西的时间？如果你舍不得花几分钟来整理你的办公桌和电脑桌面，可能就要耗费几十分钟乃至几个小时来寻找一份重要的文件。美国西北铁路公司的董事长罗南·威廉士曾经说："一个桌上堆满很多文件的人，如果能清理一下他的桌子，就会发现他的工作更加容易，我称这为'家务料理'，是提高效率的第一步。"

每天下班后的十分钟，周桥都会留在办公室整理办公桌，把批示完毕的文件转交出去；把暂时没用的文件存入档

案柜；最后将待处理的文件放在办公桌最显眼的位置。然后他会拿张纸，简单总结自己已经完成的工作，写下第二天要做的工作。

由于周桥的办公桌总是非常干净，所以他少有找不到资料的情况，工作效率总是非常高。

在职场中，办公桌就是一个人的脸面。看到你杂乱无章的办公桌，上司自然会对你的工作能力产生怀疑，认为你思辨能力差、缺乏足够的责任心、无法分清事情的轻重缓急，自然不可能对你委以重任。

不仅是办公桌，你的电脑桌面也是一样。

在工作中，大部分人都免不了安装一些软件或者下载一些必要信息，这些东西往往会在桌面上形成图标。如果不注意整理电脑桌面，在桌面上寻找文件就会变成大海捞针，会使你浪费许多时间，严重影响你的效率。

一般来说，三天整理一次桌面是最科学的。只要找对方法，你就可以在几分钟之内搞定办公桌和电脑桌面。

（1）手边只留下需要的物品

你的办公空间里最好只留下一台电脑显示器、键盘、电话、两支笔、一个笔记本，其他的所有东西，包括文件和咖啡杯，都不应该出现在你的桌面上，而要放回原处，等你需要的时候再取用。这样一来，你可以迅速找到自己想要的东西，节省很多时间。

如果公司有茶水间，你最好将杯子放在那里，尽量让杯子远离你的办公区域，以防重要的文件被弄湿。

（2）定时整理万能抽屉

很多人都有一个万能抽屉，每当要整理办公桌，他们就会把所有东西都塞进这个抽屉里，时间一长，他们就会忘记自己在抽屉里放了什么，每当他们在抽屉里寻找东西时，就要花费更多的时间。

其实，给自己留一个万能抽屉是个不错的选择，不过抽屉中一定要分格，方便你把纸制品、文具等分开放置，并且在每个月底整理这个抽屉，把不用的东西清理出来，这样一来，你就能加快提高自己的整理质量了。

（3）准备几个收纳盒

收纳盒可以帮你保存一些常用又不好整理的小玩意儿，比如透明胶、曲别针、胶棒或者是表格。根据你的需求选择合适的收纳盒，把临时停留在手边的东西放到里面，你的桌面就会变得更加干净整齐。

（4）调整桌面摆设的颜色

大部分人都会在工作桌上摆些饰品，比如相框等，这些饰品的颜色往往会影响办公者的心情和状态。想要提高效率，你可以根据季节来调整摆设的颜色，在冬天多用橙色、红色、黄色等暖色调物品；夏天则多用绿色、蓝色等冷色调饰品。

（5）删掉没用的程序快捷方式

排列在电脑桌面上的快捷方式并非每个都有用，要整理桌面，你不妨从删除没用的图标开始做起。

删掉那些不常使用的程序的快捷方式，不用担心，你可以通过其他途径打开这些程序（比如 Windows 系统的开始菜单）。

另外，当你安装新程序时，尽量选择"不创建桌面快捷方式"，以免让你的桌面被图标占满。

（6）用文件夹对桌面进行管理

对于桌面上剩余的图标，你最好能把他们归入不同的文件夹。你可以在桌面上创建一个"下载"文件，专门存放各种下载的文件；创建"办公"文件夹存放各种办公软件；创建"临时"文件夹放置那些尚未处理的文件等。

所以，不管你有多么忙，也要保持办公桌的整洁、有序，这会让你从中受益无穷。

## 8. 提升你的抗干扰能力

每个人上学的时候都学过许多名家的文章，也许有人看到会思考：文学家们一定每天都在写书吧。事实上，真正好的作家用在写书上的时间只占很少的一部分，其他时间都是在为自己积累知识、增长见闻。

如何在最佳的状态下最有效地利用时间呢？这就要求提升自己的抗干扰能力。

大学时，张军因为专业知识学得不踏实，下课后还要在寝室对着电脑给自己"充电"。

张军是个不太能静下心来的人，常常学一会儿就跑神儿了，所以每次"充电"，他都在努力使自己集中注意力。但是宿舍里有一个室友，经常隔一段时间就问他："你在看什么？看得怎么样了？"每一次询问后，张军都要重新集中注意力，更让他不自在的是，那位室友有时直接走到张军的旁边观看他学习。因为从小就不喜欢被别人盯着，这让张军浑身不舒服，但是身边的室友却没有要离开的意思，他感觉很不好。"于是我常常有意识地不在他面前学习。"张军说。

但不得不说，这样让他在学习中相当被动。有时室友在他身边晃来晃去时，他都会有种想关电脑的冲动。

张军毕业后进入社会，虽然没有了室友，却有别的同事，同样也令张军感觉很不自在。本来张军以为自己现在成熟了，没想到还是这样。因为这样，他就心里很焦虑，觉得做什么都不自在，更不能投入到工作中去。

张军也知道，别人其实可能没什么恶意，何况像这样的同事，比比皆是，大多情况下是自己经不起干扰，张军很想改掉它。


说到底，张军缺乏的就是抗干扰能力。

提升抗干扰能力是取胜的关键。那么，我们应该如何提升自我的抗干扰能力从而提高注意力呢？以下几点，大家可以作为借鉴。

一是养成良好的睡眠习惯。保持充沛精力可以让我们在学习和工作中能够更好地集中注意力，当我们能够不知不觉全身心地投入到解决问题当中时，抗干扰能力也就间接提升了。

二是学会自我减压，做些放松练习。当压力如影随形，脑海里的各种想法会如播放幻灯片一样不断重复闪现。通过切换状态做些简单的放松练习，对过滤思想杂质会有很大的帮助。

三是运用积极目标的力量。首先自己要有一个目标，不断在心里暗示自己从现在开始比过去更善于集中注意力，随后不论做什么事情，都能够迅速地不被干扰。通过有意识的训练，抗干扰能力会得到有效提高。

因此，即使你是坐在办公室做事务性工作，也不要松散度日。在一天当中，总有一段时间是高效的。在这段时间里，应该全神贯注，使之富有灵感且充实。

在生活中亦不例外。松散的生活不能提高自己，应该在整个生活中，让自己的身体状况处于最佳状态，集中精力提升自己。

在工作学习的时间内提升抗干扰能力，集中精力创造高效率。这是善用时间的重要方法，也是你应该学好、掌握的重要内容。

## 9. 学会说"不"，避免别人浪费你的时间

卓别林曾经说过："时间是一个伟大的作者，它会给每个人写出完美的结局来。"

日本的一项专业统计报告指出，人们平均每 8 分钟会受到 1 次打扰，尽管每次打扰只有 1 分钟，但每次被打扰后重拾原来的思路平均需要 3 分钟，最重要的是 80% 的打扰是没有任

何意义的。

假如你能有一个小时完全不受任何人干扰，在岗位上努力工作，做一些你认为最重要的事情，那这一个小时可以抵过你一天的工作效率。

电视超级明星拉里·金说过："最浪费时间的事情就是无聊的午餐和跟不喜欢的人在一起。我现在已经没有那种非去不可的午餐了。"

日常生活与工作中你经常会遭遇这样的情况吗？接电话时，明明你已经烦躁无比了，对方还是不停地说话；一些陌生来客突然造访办公室，你不得不代替领导去应付；有人会有事没事地请你吃饭，而饭桌上说的东西十有八九是无用的；在拜访领导的时候你焦急地等待了几个小时……不胜枚举，这些耗费着生命中大部分时间的事情，都需要你学会说"不"。

你应该尽量避免参加浪费时间的会议、约会及社交活动。当然，有些是必须参加的例行活动，这些无法逃避。你要一边参加，一边尽量想办法改善，而且只要你可以不参加就尽可能不去。假如同事请你接手一份工作，但是你没有时间，或是你对计划并不感兴趣，你可以大方地告诉他："抱歉，我现在没有办法帮你。"如果是真正的朋友，他会明白的。

要避免让这些事情分散你的精力，可以采用下列方法：学会起身伸出你的手，微笑着说："很高兴跟你聊天，不过我还有其他事情需要处理一下。"然后继续工作。

在电话中，你可以说："我不浪费你的电话费了，你一定还有其他事情要做。"然后挂断电话。

为了避免约见他人时遭遇爽约，除了自己一定要以身作则以外，也做好可能被爽约的行程安排，以万变应千变。

尽可能地让时间属于你，生命是自己的，时间也是自己的，由你支配，不要被他人过多地浪费、占有、挥霍。

勒伯夫曾经讲起："有一段时间，我必须与一位电视台的总经理和一位大学校长共事，他们两个都经常不准时，而且会让别人等很久。因为我认识他们的执行秘书，所以我可以事先打电话询问他们的时间表，将等候时间缩短至最少。有时，如果会面时间延迟太久，他们的秘书就会提前打电话给我。"

时间何其宝贵，哪里经得起被随意浪费？

为了避免那 80%的无意义打扰，请学会说 "不"！

第十二章

创业不是找不到
工作后的退路

# 1. 放弃学业去创业，并不值得提倡和追随

大学生该不该放弃学业去创业？

2005 年，金津在浙江理工大学读大二，像其他渴望在 IT 行业淘金的年轻人一样，他十分渴望创业。不久，他办理了休学手续，义无反顾地投身自己喜爱的游戏行业。他创立了杭州渡口网络有限公司，并一举取得了成功。

不得不承认，不少大学生创业成功了，但不能因此就肯定地认为"大学生休学+创业=成功"。创业无定式，创业成功也没有固定的模式。放弃学业的创业失败者远比成功者多。

创业比就业更有价值的地方在于，前者有利于发挥大学毕业生的主动性和其他潜力，当然创业成功可以获得更多金钱和自主权，同时也为其他人提供了就业岗位。

现在这个社会大环境是提倡创业的，但如果大学在校生都无心学习求知或者干脆休学、退学去创业，很有可能会遭遇更大挫折。"博观而约取，厚积而薄发"。先搞好学业再创业，

也为时不晚。

创业者最重要的是非常喜欢自己做的这件事情，因为热爱而产生动力，不是因为别人创业成功了，脑子一热就去做。

家在温州的大学生王晓敏上学期间就一直想自己做老板，看到学校附近小区里开了一家食品杂货店而且收益一直不错，颇为心动。于是，她不顾家人的反对休学一年，租了小区内一间库房做店面，向朋友同学借了一万多元钱做开店本金，进了一批货，开了一家食品杂货店。

王晓敏为了突出自己食品杂货店的特色，没有像原来那家一样进米、油、盐等大众用品，而是进了一批沙司、奶酪、芝士等西餐调味食品。但是小区里的居民都很少光顾西餐厅，加之她店面的位置在小区边缘，而且又是新店，很多居民都不愿意上前问一句，所以生意十分惨淡。经营了两个月后，王晓敏的食品杂货店就撑不住了，不得已只好转让。

很多大学生在创业之初都有求新求异的心理，这是优点但也是致命的缺点。经营首先要符合市场环境的需要，然后才能有自己的特色。王晓敏的食品店之所以会倒闭，主要是因为她卖的东西没有市场，说到底还是社会经验缺乏的原因。

大学毕业生很有必要在社会上历练几年再出去创业，因为毕业生的社会经验很有限，更不用说在读的大学生了，等你把书读好了，再去创业也不晚，因为你有足够的时间去累积经验。

经商绝对不像工作那么简单，靠技术和资金就能完事。如果一个企业不盈利，即使投入再多的资金也是难以继续支撑下去的。其实最好的企业管理经验可以通过就业学习。深入企业一线，掌握更多的企业运作基本规律，可以使你在将来做管理时更加得心应手。

如果仅仅因为找不到工作而去创业，成功的概率是非常小的。

张家林毕业于郑州某大学兽医专业，由于父辈都是商人，从进大学的第一天起，张家林就一直在为创业做准备。他不但学习了兽医方面的知识，还学习了经营管理，并且经常向老师讨教广交朋友的方法。

大学毕业后，张家林本来打算进一家宠物医院实习，但是一个月过去了，他也没有找到合适的工作。于是他狠狠心，开了第一家宠物医院，但不幸的是这一年"非典"爆发了，小店很快就关闭了。

不过他没有灰心，筹到钱后接着又开了两家店，光是店里的宠物医疗设备价值就达到七八十万元。但是一年下来才赚了几万块钱，还了贷款利息之后就所剩无几了。

因为就业困难而萌发了不如自己创业念头的大学生创业，假如前期没有做准备往往很难成功。如果你觉得就业难，那么创业远比就业艰难得多。创业不仅得有全局观念，还要组织货源、控制成本、市场营销等。更不要认为创业就意味着自由、轻松。选择创业，就意味着放弃了休息的权利，24小时处于备战状态，所面临的压力是你无法想象的。

不是说大学生不能创业，大学生想要创业，必须要有明确的项目规划和市场营销计划，并且自己要有这方面的从业经验。否则，因为找不到工作而去创业，失败也会在所难免。

## 2. 做好失败的准备，而不是臆想成功后的样子

创业者都是想尽快成功，但是真正成功的有多少呢？你做好失败的准备了吗？

千万别说："我已经做好一切准备了，我不会失败。"这个任何人都无法保证。创业者在创业之初就应该想到给自己留点资金，当作自己东山再起的"粮食"，这样才能够保证创业失败时自己不至于流落街头，否则连再次爬起来的可能性都没有了。

想去创业，就要能够承受得起失败的打击。失败是成功之母，即使多次的失败也不足为奇。如果总是不做好失败的打算

却臆想成功后的样子，那失败总是会尾随着你。

李开复和郭广昌，一个是创办创新工场的风险投资人，一个是成功创业的企业家，曾经不约而同地在全球创业周峰会上向有志创业的大学生"泼冷水"，甚至是"泼冰水"。他们认为大学生创业失败的一定比成功的多，下一个马化腾永远不会出现，在没有做好充分准备的时候，过早创业只有死路一条。

大学生创业失败的概率是很大的，丝毫没有经验没有团队就出来创业，很容易遭遇一系列挫折。李开复认为大学生创业失败的概率在90%以上。

暂且不去追究失败的具体概率，但在对前辈们的数据统计上很容易看出，创业失败的一定比成功的多。一个创业的人天天只想着成功是不对的，要为失败做好退路，更多是想如果失败了会怎么样。如果没有为失败做好退路，那么创业只是一句空谈。

那些大学生毕业甚至未毕业就创造了了不起企业的人，不仅仅是行业精英，他们对团队运作和如何提升执行力都有相当的经验。你的专业知识足够扎实吗？你有管理团队的经验吗？你能招到有执行力的员工吗？你知道怎么把一个市场做出来吗？创业之前一定要三思！

有志创业的大学毕业生，最好给自己几年时间，加入一家有前途的公司，在里面接触一些有经验的领导者，学习他们做事情的方法，看市场怎么被建立起来，看产品怎么流通。

可能你认为你的创意非常好，但是真正能改变一切的创意是百年不遇的。在正确的时间做正确的事情比一个好的创意更重要，一个好的团队也比好创意重要。只有在正确的时间做正确的事情，并且有一个执行力很好的团队才有可能创业成功。

创业者应该把更多的时间和精力花在去考察市场上，只有在市场上获得的经验才是货真价实的。

每一位创业者的背后都有一个故事，除了当事人以外没有人知晓其中的酸甜苦辣。创业的魅力就是把人性所有的欲望和世界最真实的一面来个正面冲击，这个过程美丽又残酷，千万不要以为只有金光闪闪而没有浴血苦战，更要避免被小概率的成功事件和财富偶像迷惑而使你变得盲从。其实创业就像在钢丝上跳舞，只要你一个不小心就可能跌落下来。

人无远虑必有近忧，创业后每一天你都有可能被迫退出，所以要随时做好失败的准备。做好了失败的退路，或许可以让你的脚步变得更加沉着、坦然。

# 3. 创业前期的投入远比你想象的多

大学毕业生有很多人的思想还很理想化，比如，有的人要创业，就会算投入多少钱，每年能赚多少，第二年扩大规模，开连锁店，然后进 500 强……如果创业真的那么简单，那还有人就业吗？事实上，赢利前的投入远大于你最初的预想。

不管你做的是什么，都有投入期，在开始真正实现赢利之前，所需投入是你一时无法统计完全的。创业者必须有超过预想好几倍的资金确保能够顺利度过这一阶段，如果不能有效做到这一点，前期投入得越多，亏损得越多。

事实上，不仅仅大学生创业者会碰到这个问题，不少已经取得成功的老板都会难逃覆辙。

林家豪，经销美国某世界 500 强企业产品十多年，年营业额达一个亿，在北方同行内小有名气。2009 年年底，与厂家经销协议到期，厂家收回了其代理资格，林家豪不得不选择新的项目。

经过团队的分析、调研和论证，最后林家豪决定选择某新型汽车保养类产品。该产品前景广阔，很多人在这个领域做出了成绩。

尽管选择的方向很好，但林家豪的项目做起来却非常艰难。当时他只有不到一千万资金，这样的项目导入期的投入至少需要 5000 万元，两年内恐怕都不会开始赢利。

最终新公司运作了不到一年，就由于资金上的原因破产了。赔了家底不说，历经十年苦心打造出来的非常专业的一个团队也被迫解散。


很多项目看上去好像不需太多投入，然而事实往往会相反，只有当你真的去运作时，才会发现做什么事情都要钱。比如你开一家小服装店，小的县城门面房一年房租 1~3 万元，中下等城市一年 4~8 万元，大城市四环以内得 10 万元以上，还要装修、进货等，也是一笔不小的开支。这还没有考虑所需要的流动资金，如果雇佣别人还要发工资，以及可能面临的各种税收。

也许你会说，家里面现在有三五万存款，但对并没有多少积蓄的你而言，基本上表示你拿出了全家的血本。如果你在进行创业之前都面临资金短缺，不得不向亲朋好处四处拆借。那么你的预算是建立在非常脆弱的基础上的，需要当年基本实现收支平衡，第二年能够回本，否则你将无法全身而退。换言之，大多数大学毕业生的创业，在财务上只能允许当年就获得成功，否则支撑不了更长的时间。

　　也许你会认为你一定能成功，事实上，几乎所有的初次创业者都对自己的项目充满信心、盲目乐观，认为一年就能把市场占领，至多一年半的时间就能全部回本，因而在资金上没有更多的准备。可是，按照项目运作的一般规律，即使前期构想得再好，项目再有竞争力，考虑得再周密细致，项目和市场之间的磨合也需要两年左右的时间，甚至更长。在这些时间里，必须追加更多的资金，否则，原有的投入就会打水漂了。到时候你就会深刻体会到"钱到用时方恨少，事非经过不知难"这句话的含义。

　　当然，从项目的大小来看，钱多可以做钱多的项目，钱少可以做钱少的项目。如果可启用的资金本来就非常有限，却非要做大公司，包大工程，无疑是自讨苦吃。


　　刘华力在中关村一家研发显示器的公司做总经理，几年下来，自己觉得创业时机已经成熟，但是电子产品这块竞争太激烈，他想转行做无污染无公害的绿色小杂粮，认为该领域紧贴国家政策，前途很广。

　　他当时手里有50万元资金，在位于中关村不远的某高档小区租了一间商铺运作此事，准备进军节日礼品市场。商铺仅房租一年就要15万元，刘华力还想进入连锁超市网络，以实现销量上的快速增长。可是每家超市都要进场费、上架费和促销费，而且都有账期，刘华力垫付了大量资金。到这时候，他的钱已经所剩不多，他还没等到任何利益出现就"弹尽粮绝"了。

现实中，很多人指责大学毕业生做事浮躁，认为创业失败是未能坚持下去、半途而废的原因。这些批评自有其合理之处，但更多时候很可能不是自己不想坚持，而是资金问题不允许他坚持，不得不选择放弃。

资金对项目而言，犹如血液对人体，刚开始的时候需要从外界不断输血以维持生命。如果血液消耗过大，自身还没有长出造血干细胞，同时外界输血无法继续，怎么才能活下去呢？

## 4. 十个好项目不如一个贴心合伙人

提到创业，大家都会不约而同地做出同一个反应：找个合适的合伙人一起。个人的力量再大也是有限的，与其一个人拼死拼活地干，倒不如"众人拾柴火焰高"。

俗话说："三个臭皮匠赛过诸葛亮。"天下间，谁也不能保证自己是"全能冠军"，但倘若能联合起来，必定能产生出无穷的力量。

那么，如何选择合伙人便成了准备创业的大学毕业生眼下需要重点考虑的问题。

第一，一起创业的两个人，必须志同道合

不管你们是英雄所见略同也好，还是臭味相投也罢，总归一句话：一定要谈得来。选择合伙人时，最需要具备的特质就是"一致"。信念一致，思想一致，步调一致，这种"一致"往往能使两个人的凝聚力无限加强，而凝聚力就等于创业初期的爆发力，绝对不能忽视。

第二，在选择合伙人时要考察其是否重信守约

"重信守约"是最宝贵的经商道德品质之一，也是选择合伙人时最基本的要求。如果合伙人是一个不具备基本商业道德的人，那么很有可能在短时间之内就断送创业的前途。

第三，要考察合伙人是否德才兼备

两个人绑在一起干事业，"德"必然与公司的稳定发展密切相关，包括团结合作、相互尊重。而"才"则涉及两个人所具备的专业知识、技术能力。

第四，就创业来说，两个人最佳，四五个就比较难保证后面不出现问题

"一个和尚挑水喝，两个和尚抬水喝，三个和尚没水喝"，对于这个耳熟能详的故事，在生活中也存在着不少"三个和尚"的现代版。

20多年以前，乔布斯和沃兹尼亚克认识的时候都还是中学生。他们想要一台"8800型号"的电脑。在缺乏资金的情况下，这两个电脑迷便决定一起搭档，动手组装。

　　他们总共装了100套"苹果-I"计算机板，然后每台售价50美元，正好能凑够本钱。

　　当时社会上大部分人只是想买整机，这给了乔布斯最重要的市场信息。他们两人所委托的商店经营者是个有心人，为了督促乔布斯去设计制作微电脑整机，故意把"苹果-I"装到了一只粗糙不堪，看起来很没有档次的木头盒子里。当乔布斯再次来到这家商店时，店主就把他的"苹果-I"拿给设计者乔布斯看，这促使乔布斯下决心自己动手制作美观的外壳。于是才有了后来著名的"苹果-II"。

　　有了这次成功的经验后，乔布斯和沃兹尼亚克决定自己开公司，面临的首要问题是筹借资金。乔布斯的老板介绍过来光顾的第一个人是唐·瓦伦丁，他把两人介绍给了英特尔公司的前市场部经理马克库拉。

　　这位38岁的富翁向乔布斯问起了关于"苹果"电脑的商业计划，马克库拉独具慧眼，看出了这两个小伙子的潜能。于是他们三个人日夜工作，制订了一项"苹果"电脑的研制生产计划。马克库拉首先投入自己的9.1万美元，随后又帮助乔布斯和沃兹尼亚克从银行取得了25万美元的信贷。接着，他们三个人吸引了另外60万美元的资金。最后，他们聘请了熟悉集成电路生产技术的迈克尔·斯科特当经理，从此苹果微电脑公司就这样走上了它飞速发展的道路。

创业不一定要找最成功的人，但要找最合适的人。一位成功的企业家说过："如今的创业时代，早已不是单打独斗、彰显个人英雄的时代了。彼此互惠互利，合作双赢才是硬道理。"

有好的想法要勇于尝试、不怕失败，也要告别"单打独斗"的匹夫之勇，理性地面对，更谨慎地分析，靠合伙人、靠合作来夺取最终的胜利！因为"集体"智慧大于个人智慧，"集体"力量强于个人力量。

## 5. 守住商业道德底线，别把自己逼进死胡同

有很多创业者刚走出校门的时候很"愤青"，对不道德不文明的行为嗤之以鼻。然而在自己创业的途中，却没有守住道德底线，把自己逼进了死胡同。

创业的道德底线说到底就是产品和服务质量，在产品基本质量尚缺乏稳定性、技术仍不过关的情况下，不能将产品推上市场，更不能直接经营假冒伪劣产品。虽然从短期来看这样做可能会获利丰厚，但这是在自掘坟墓，创业者自己也

会损失惨重。

创业的时候因为资金等问题，相当比例的人希望通过短平快的操作迅速积聚财富。其实大家平常看到的让人热血沸腾的成功事例往往只是一部折子戏，更多的故事被人们有意无意中屏蔽掉了。那些所谓的成功案例背后其实有很多不为人知的东西，容易给人误导。如果你以更长的时间来看类似的现象，就会发现很多的漏洞。原本踏实能干之辈，后来走上道德沦丧的不归路，最后也难免折戟沉沙、英雄挥泪。

李德龙是某知名润滑油的全省独家代理商，行伍出身，为人爽快，复员后曾在警察局上过班，后来在朋友的鼓动下下海经商。凭借着自己年轻，朋友多，冲劲十足，在短短的几年内不仅站稳了脚跟，而且塑造了自己的品牌，在该省润滑油经销商中独树一帜，同时与同行们相互协调、共同进退，被大家称为"龙老大"。由于看上了他的影响力，国内某大型润滑油生产企业为其代工联合品牌产品，他也一度成为全省青年学习的榜样。

可好景不长，仅仅过了一年多，行业形势发生了很大变化，企业和品牌整合之风四处蔓延。为其代工联合品牌的企业也终止了双方的合作关系。

李德龙实在咽不下这口气，于是与同一家技术实力并不算强的小油厂合作，在市场上推出自己独立品牌的产品。虽然是新产品，但是因为有同行兄弟们的合作作为车辅，上市之初的短短几个月内销售额已经过亿元，眼看形势一片大好。李德龙踌躇满志，觉得自己就要成为成功人士了。

可是不久后各地火情不断，机油质量暴露了严重的问题。很多车辆使用了他们的产品后爆瓦烧轴，同行们也不得不面对纷繁复杂的投诉和索赔问题。李德龙刚开始还想认真对待此事，该退则退，该赔则赔，尽量将负面影响降到最低。然而，当他把所有的身家都搭进去之后，还是存在很大的漏洞，到最后他只好外出躲债。

不守护好道德底线，一旦出事，必定元气大伤，还可能面临破产。

也许有的创业者抱有侥幸心理，以不正当的手段捞到钱之后，选择迅速退出或跑路，认为过了这场风波，就会风平浪静了，然后来个华丽大转身，在其他行业异军突起。但是，一个人靠弄虚作假取得成功之后，即使去运作其他项目，他就能改掉弄虚作假的毛病，变得踏实肯干吗？

无论到什么时候，经商底线都是相同的，就是要坚守产品和服务的质量。底线一旦被突破，市场就会失去，不但处理这些事件本身的花费异常惊人，而且还会使你失去所有的宝贵资源。

我国南方的某润滑油企业，凭借着一流的营销手段和优质的团队，在短短的两年内，年营业额突破了亿元大关，在当地引起了一阵轰动。但在金钱和荣誉面前，创业者的大脑开始犯晕，疏于质量管理，为了缩减成本往其生产的防冻液中掺兑海水，后来变本加厉，干脆直接以海水充当防冻液。

但是产品销售依然火爆，企业也越做越大。过了一段时间后，汽车水箱腐蚀事件大面积爆发，企业被告上了法庭，企业信誉受损，遭到巨额索赔，产品严重滞销，最终破产，大批员工失业。创业者自己也面临牢狱之灾。

其实在近几年的"3·15"期间爆出很多新闻，很多商家都突破了质量底线，也许并不是他们自己故意这么做，而是技术不太成熟，或者在产品原料问题上上当受骗等原因，然而，无论出于什么原因，都是企业内部的问题，消费者协会不会因为你的"客观理由"而原谅你。一旦出现这种情况，轻则大伤元气，重则破产重组，实在是不值得。

准备创业的大学毕业生一定要守住商业道德底线，千万别把自己逼进了死胡同。

## 6. 创业资金不是越多越好

大学生创业尽管需要面对很多困难，但大部分人都显得信心十足。当然，中间也不乏一些抱怨的声音："父母不能资助足够的本钱，干点儿事缩手缩脚的，怎么能成大器？"

其实，已经有大量的事实向我们证明：个人创业是否能成功，与启动资金并没有太大的关系。

李嘉诚生平的第一桶金，是从塑料花这个低端行业掘到的。而比尔·盖茨辍学创立微软，休利特和帕卡德在自家车库创立惠普，这些也都与创业资金的多少无关。反观那些在泡沫经济中垮掉的企业，倒有不少是实力雄厚的，只是即便它们有巨额流动资金做后盾，最终还是难逃破产关门的命运。

所以，在创业路上打拼，即便没有丰厚的资本，靠小本钱起家也未尝不可，说不定还会更容易成功。

启动资金不足也许会使你选择的范围缩小，但同时也会帮你规避很多风险。如果投入多了，肯定就不甘心轻易放弃，结果岂不是越坚持做赔得越多？就像炒股票有些人被套牢还继续补仓，但如果没钱就会到此为止。但很多人有钱，可补了仓还是照跌不误，到时赔的就不只原来那一点了。

大学毕业生想通过创业让自己和父母都过上好日子，这种想法无可厚非，但一定要谨慎，多向前辈请教，不要盲目地将自己的血汗钱掷入大海，白手起家不是童话，但也离不开正确的方法和别人的帮助。

一、展望未来，要有前瞻性

白手起家的大学毕业生要想获得成功，首先需要的就是一个好的项目。好项目一般从三方面考虑：

首先，所选的项目是否顺应社会发展的潮流。其次，项目必须与众不同。最后，在着手进行推广时，启动资金不会太难实现。要做到以上三点，需要你在创业准备期，就必须具备一定的前瞻性，能够对未来市场的发展和趋势有相当的把握，这样才能以最快的速度找到并占领这一市场的部分空间，哪怕很小也不要紧，只要你身处这个市场中，就有机会谋求自我发展。

二、诚信是金，要维持良好的信誉和人品

大学毕业生创业，就像一张白纸。由于你出不起高价钱去招募有才之士，就只有依靠自己散发出的人格魅力去吸引志同道合的朋友了。由于你没有本钱扩大规模，商业信誉度在别人看起来不会很高，这就需要我们用自己的良好信誉作担保，才能使别人敢与我们合作和愿意与我们合作，会有人因为我们优质的人品和良好的信誉而认同我们所经营的产品。

三、面临竞争，要具备吃苦耐劳的精神

人们常说："市场是抢来的而不是等来的。"对白手起家的大学毕业生来说就更是如此。所有创业者都要面对残酷的市场竞争。与财大气粗的竞争对手相比，大学毕业生没有任何竞争的资本，只能靠自己吃苦耐劳的精神，付出比竞争对手更多的努力，多做一些工作，多流一些汗水。大学毕业生想要白手起家，在创业之前就要做好充分的心理准备，事无巨细都要亲力亲为。

四、在外靠朋友，积累广泛的社会关系

白手起家的大学毕业生，往往资金实力薄弱，很难聘请到或聘请得起水平较高的人才，也不可能拿出很多的钱用于广告或市场推广。所以，在创业之初，生意来源绝大部分都是靠之前积累的社会关系。如果社会关系广泛，那么你的产品就有了一个相对良好的销售启动渠道。这可以让你快速且有效地完成最初的资金回笼，为下一步做强做大夯实基础。

假如还没有什么社会关系，那么在决定创业之后，首先要做的就是想方设法去建立并扩大自己的社会关系网。在迈向成功的征途上，会得到更多人的帮助，也会有更多人愿意在关键时刻拉自己一把。

最后，大学毕业生想要成功，就必须抓住机会，充分发挥自身的优势去挖掘创意。

大学毕业后，李浩然一直在家捣鼓小买卖，就是不肯踏踏实实找份工作，这可把父母急坏了。在上一代人看来，人还是要找份工作，这样生活才有保障。可李浩然却说，要是光靠死工资，何年何月才能开上车，才能买得起房子？父母没办法，也只好由着儿子去闯。

李浩然的启动资金是自己大学时打工攒下的一万元钱，想做生意真是少得可怜。但在李浩然看来，资金少就不担心会赔太多，可以甩开膀子去干，这对自己更有利。创业过程中他卖过小商品，摆过服装摊。后来开过网店，租过人家的煎饼车。再后来跟朋友合伙开了一家小火锅店，生意很兴隆，三年不到就又开了两家分店。

就这样，李浩然用自己攒下的一万元掘到了人生的第一桶金。他总结说："由于刚开始不知道自己适合做什么，所以没有大量的资金投入，正好可以免除赔钱的风险。也正因为投入不大，所以更容易见机行事，只要赔钱，我随时都可以撤。"

大学毕业生必须要具备比别人更好、更快、更准确的商业嗅觉，它和一个人的性格、成长经历、思维模式以及追求都密切相关。不要以为没有启动资金就不能创业，认真剖析市场，然后迅速出击。

# 7. 劳动力价格上升期已来临，
## 谨慎进入劳动密集型产业

现在劳动力价格上升创业压力增大，一般的大学生创业要慎入劳动密集型产业，特别是新型劳动密集型产业，虽然劳动密集型产业更多会以全新商业模式的形式出现，但是大多不能人尽其才，造成人力资源浪费。

受房价因素的影响，我国的房租、粮食和日用品价格连年上涨，直接或者间接地推动着劳动者们日常生活开支的提高，社会劳动力价格大幅上升。

现在有一个非常明显的现象是，需要人工劳作程度越高的产品或服务，价格上涨得就越快。所以饭馆、修鞋铺和理发店等服务和产品的价格上涨幅度会很大。

很多新产业也应该列在劳动密集型产业之列，因其利润空间和员工待遇并不高，项目规模的扩大需要更多的劳动力。

现在劳动密集型产业的工资水平基本上已经逼近了员工能接受的底线。随着生存成本持续提高，他们也会一步步要求加薪，本来劳动密集型产业的利润就不算高，这样一来企业就会陷入空前的被动。

彭建军毕业后在上海开了家网上超市，网友们可以通过淘宝和QQ平台下订单，他们则提供送货上门服务。

小店开在一个普通小区中，房租3000元每月，日平均流水1000元，毛利15%，聘有3名配送员、2名客服。配送人员底薪1200元，外加4%的提成，客服每人月薪1500元，每月5号发工资，员工每日提供两餐。

这样的待遇在上海相似类型的工作中，一般靠下，但成本压力还是蛮大的。与此同时，还存在着人员流动性过大、员工变相怠工的问题。在这些员工看来，工资不高，类似待遇的工作也很好找，会有一种"不满意我就走"的心态，所以一个个吊儿郎当，你也拿他没办法。在这种情况下，表面上看彭建军的总成本每月是8000元，但如果按照实际工作量来算，这个数字至少要翻一倍。

值得注意的是，在工资水平较低的各类群体当中，都会存在懈怠的心态，且越来越明显，所以劳动密集型产业中，人力成本要远高于表面上看到的实际数额。

随着人们的生存成本日渐升高，劳动密集型产业除了直接面临大幅提升的外界压力和潜在的劳动力成本外，劳动力价格隐形攀升的问题也不容忽视。

姜邵文毕业后一直在一家从事某细分领域的DM商情广告业务的公司工作。在这家公司一干就是六年，三年前他从市场一线人员做到了上海分公司总经理，但到了年底一算账，每年的收入只有六七万元。本来打算今年在闵行区买房，就在他四处看房之际，房价就飙升到了 10000 元/平方米。看看房价，再对比自己的收入，他只好放弃了这个想法。于是，他将目光投向了自己的家乡郑州，郑州郊区的房价为 3000 元/平方米，四环以内每平方米不低于 5000 元，自己的钱还是不够，只好又作罢。

姜邵文并没有抱怨房价，而是不满意自己的收入。虽然他非常喜欢这份工作，但一考虑到房子的问题，就管不了那么多了。他现在的想法是，要么老板在短期内给他加薪，要么就得跳槽了。但是今年的市场环境对公司很不利，公司一直都在盈亏线上徘徊，如果他要加薪，其他人也会有同样的要求，这样公司绝对是要亏损了，所以最后姜邵文选择了跳槽。

劳动密集型企业很难留住真正有才能、能做事的人。可能有人会说，只要管理到位，劳动隐性成本就不会提高。这种说法放在待遇水平良好的高附加值行业，是非常正确的说法，因为确实可以通过强化管理来抑制类似现象。但放在待遇水平较低的各类劳动密集型产业，就没有人买你的账了。

在劳动力成本面临大幅攀升压力的情况下，各种劳动密集型产业必须有强大的资金和规模做后盾，否则无一例外都会受到巨大冲击。作为大学毕业生，估计能马上做成拥有以上两点资源的学生很少，所以要谨慎进入劳动密集型产业。

# 8. 创业初期，尽量"把鸡蛋放在一个篮子里"

现在社会，人们对企业的多元化经营可谓情有独钟，多元化包括经营领域多元化、产品多元化和资产分布多元化。多元化成了企业增加收益、减少风险的法宝。

近年来，在一些中小型企业常常会出现这种情况：企业本来经营得好好的，忽然碰上一个心血来潮而又过分自信的决策者，不专心做自己比较有优势的主业，偏偏要去涉足其他的领域，有了实业，又想搞金融，还美其名曰"向多元化发展"。慢慢地行业越做越多，业务越来越杂，员工们素质不一，管理越来越混乱，最后企业成了"四不像"。更有甚者，总是想着"蛇吞象"的事，盲目扩张，最后稍有闪失，就资不抵债。

从个人讲，盲目扩张的后果，轻者就会让创业者一夜回到"解放前"，重者背负债务。从企业讲，或宣布破产，或被别人收购，一个好好的企业最终搞得七零八落。

对于多元化，很多人看到的只是表面现象，所谓"略知一二"。事实上，真正适合多元化的只有那些比较有实力的公司或企业。而年轻人毕业后创立的公司一般都还比较小，所以，应更倾向于专业化经营。

创业之初从增加收益和降低风险两个角度考虑，不应该选择多行业经营，而应该从专一的角度出发。原因如下：

首先，你的精力是有限的，你不可能精通每一个方面。当然不能排除在学校里有天文地理无所不知，琴棋书画无所不通的"天才"，但在以实力讲话的市场里，门门通不如一门精。

做企业也是这样，随着社会和科学技术的快速发展，所有的行业都开始往专业化细分，企业的资源也有限，如果什么都想干，只怕最后什么都干不了。

其次，把鸡蛋放在一个篮子里与放在多个篮子里的收益相差不大。一个企业多元化经营盈利率不会提高多少，但风险会成倍增加。

最后，开拓一个新的领域要比在你精通的领域扩张难得多。因为一个企业对本行业的市场状况、技术水平、竞争策略等都比较熟悉，而对一个全新的行业却很陌生。除非企业所从事的行业面临全行业崩溃，不得不进行行业的战略调整，否则去另外找门路是得不偿失的。

有些人在创业初期，资金量有限，做得比较专一，随着企业规模的扩张和在某一行业的成功，资金慢慢充足，他们才去寻求新的投资项目。也有些国有企业是为了增加岗位而设立了一些非主业行业。还有的企业向上下游领域扩展，为的是"肥水不流外人田"。

　　但是，你会看到大多数由于上述原因而导致的多元化经营断送了企业的前程，有的甚至会引发下岗工人过多等社会性问题，所以把鸡蛋放在一个篮子里很重要！